Prüfungswissen kompakt

Dipl.-Volkswirt Reinhard Fresow

Handelsfachwirte
Handelsmarketing

Inhalt nach DIHK-Rahmenplan für die Prüfung der Handelsfachwirte (VO 2014)

Frankfurt, Aug. 2020

Letzte berücksichtigte Klausur:
Juli 2020

Kontakt:
hfw@fachwirteverlag.de

Umschlaggestaltung: Simone Meckel

5. Auflage

Herstellung und Vertrieb:
BoD – Books on Demand GmbH; Norderstedt

ISBN 978-3-95887-439-8

Inhaltsverzeichnis

Hinweis

Viele Themen und erst recht einzelne Fachbegriffe kommen sowohl im Rahmenplan als auch in den Klausuren in verschiedenen Zusammenhängen vor. Daraus ergibt sich, dass sie auch in diesem Buch in mehrere Kapitel passen. Wir haben bewusst solche „Doubletten" stehen lassen; die Alternative, jedes Mal auf nur EINE Fundstelle in diesem Buch zu verweisen und damit zum Blättern zu zwingen, wäre sicher nicht sehr lesefreundlich.

Service

Sollte zwischen Redaktionsschluss dieses Buches und Ihrer Prüfung noch eine weitere Prüfung liegen, können Sie eine Datei mit den auf Grund dieser Prüfung vorgesehenen Aktualisierungen und Ergänzungen anfordern:
hfw@fachwirteverlag.de

Dieser Service ist kostenlos. Die Methode, Zusatzleistungen von einer positiven Rezension bei amazon und/oder in sozialen Netzwerken abhängig zu machen, lehnen wir als Täuschung ab. Bei einer hohen Zahl von 5-Sterne-Bewertungen für ein Buch ist es immer empfehlenswert, deren Aussagekraft bei www.reviewmeta.com zu prüfen.

Wir freuen uns natürlich sehr über jede positive öffentliche Bewertung. Und wir sind sehr dankbar für jeden direkt an uns gerichteten Hinweis auf etwaige Fehler oder andere Gründe zur Unzufriedenheit.

Vorbemerkung

Die Reihe **»Prüfungswissen kompakt«** bietet knappe aber vollständige Zusammenfassungen für die Prüfungsvorbereitung. Dafür wurden **alle** Stichpunkte des Rahmenplans berücksichtigt und die Klausuren ausgewertet. Eingearbeitet wurden

- alle Prüfungen nach neuer VO 2014 incl. Sep. 2018;
- die Klausuren nach alter VO von 2012 bis Sep. 2016 des Pflichtfachs „Handelsmarketing" und des Wahlfachs „Handelsmarketing und Vertrieb".

Damit kann die Vollständigkeit der eigenen Prüfungsvorbereitung kontrolliert werden. Die Angaben, in welcher Klausur und Frage dieser Stoff vorkam, sind bei Prüfungen nach neuer Verordnung zusätzlich unterstrichen. Damit ist auf einen Blick zu erkennen, was bisher wie oft gefragt wurde, und es können schnell in den Klausuren passende Aufgaben zum Üben gefunden werden. Für die Wiederholung des Stoffs wurden zusätzlich nach jedem Kapitel Kontrollfragen aufgenommen. Damit kann geprüft werden, ob die für das Verständnis wichtigen Fachbegriffe erinnert werden.

Nach jeder Prüfung wird eine Datei der vorgesehenen Aktualisierungen und Ergänzungen erstellt. Wer den **Newsletter** für Handelsfachwirte anfordert unter: **hfw@fachwirteverlag.de** erhält diese pdf-Datei automatisch.

1. Entwicklung Rahmenbedingungen

Handelsrelevante Trends

2012 Herbst Aufg.4a | 2014 Früh Aufg.2

Zunehmende **Polarisierung** mit steigenden Marktanteilen einerseits für Betriebsformen mit niedrigem Preisniveau (Discounter, Fachmärkte), andererseits für Shoppingcenter, Concept-Stores und Flagship-Stores in 1A-Lagen sowie Factory-outlets der Hersteller. Wachsende Bedeutung von Aktionen und Atmosphäre, Verbindung zu anderen (Freizeit-)Aktivitäten. Wechselnde Orientierung der Käufer je nach Bedarf sowohl an Preis als auch an Qualität, Service, Atmosphäre.

Steigerung der **Verkaufsfläche** des Einzelhandels in den letzten zwei Jahrzehnten um über 50 %; starke Zunahme der Verkaufsfläche von Filialisten bei gleichzeitiger **Konzentration** durch Übernahmen und **Fusionen**. – Gründe u.a.: Überforderung kleiner und mittlerer Betriebe durch Preisdruck, steigende Kundenanforderungen; Probleme mit Nachfolgeregelung bzw. Geschäftsübernahme; demografische Veränderungen in den Zielgruppen.

Folgen: Konzentration bedeutet höheren Anteil weniger großer Betriebe am Gesamtumsatz. Veränderung der Marktform Richtung Oligopol; mögliche Verhaltensweisen der Marktteilnehmer: Verdrängungswettbewerb über aggressive Preispolitik; andererseits auch Gefahr von (illegalen) Absprachen (Kartelle) zur Einschränkung des Wettbewerbs (*s. Kap. 14.)*

Entwicklungen: Grenzen zwischen den traditionell unterschiedenen Betriebsformen verschwimmen; stärkere Einbindung von Herstellern in die Bewirtschaftung der Verkaufsflächen; zunehmende Bedeutung von Franchising.

1.1 Umfeldentwicklungen

1.1.1 Gesellschaftliche Trends

Anpassungsprozesse – Ursachen
2012 Herbst Aufg.1a / 2015 Herbst Aufg.5
Demografischer Wandel (Veränderungen in der Bevölkerungsstruktur); technologischer Fortschritt; Globalisierung; Wandel der Marktformen; veränderte Kundenansprüche.

„Verkäufermarkt" = Nachfrage größer als Angebot; stärkere Marktstellung der Anbieter / Verkäufer.
„Käufermarkt"
Angebot größer als Nachfrage; stärkere Marktstellung der Nachfrager / Käufer; Konzentration der Verkäufer auf Kunden statt auf Produkte; wegen Marktsättigung Wecken von Bedarf wichtiger als Decken von Bedarf; große Produktvielfalt zur Abdeckung möglichst aller Kundenwünsche mit im Extremfall die Kunden verwirrender Wirkung; Orientierung der Käufer je nach Produkt sowohl am Preis als auch bzw. alternativ an Qualität, Image.

Veränderungen auf Kundenseite
2016 Früh Aufg.1
Wertewandel: zunehmende Bedeutung von Nachhaltigkeit und sozialer Verantwortung *(siehe Kap.1.1.5)* für Kaufentscheidungen. Verlagerung der Mediennutzung weg von klassischen Massenmedien zu individuell zusammen gestellten Streaming-Angeboten, Veränderung der Kommunikation hin zu sozialen Netzwerken.

1.1.2 Technologische Trends

E-commerce
Übliche Bezeichnung für alle Formen des „elektronischen" Handels, also der Anbahnung und Abwicklung von Verträgen, zumeist Kaufverträgen über Datenaustausch, insbesondere über das Internet. – Dabei wird die Abwicklung solcher Transaktionen über mobile Endgeräte als **m-commerce** bezeichnet. *Im Rahmenplan ist für dieses Thema ein eigenes Kapitel (s.Kap.9) vorgesehen.*

Bezahlmethoden
Die in Deutschland besonders lange im Handel mit Endverbrauchern vorherrschende Form der Bezahlung durch Bargeld rangiert inzwischen hinter der Bezahlung mit EC- oder Kreditkarte. Gesetzlich gilt seit 2017 für anonyme Barzahlungen (also ohne Vorlage eines Ausweises) eine Obergrenze von 10.000,- €. Weitere zumindest innerhalb der EG abgestimmte Reduzierungen mit dem Ziel der Abschaffung des Bargeldes sind zu erwarten. Im bargeldlosen Zahlungsverkehr ist die anfangs verbreitete Form des Schecks inzwischen bedeutungslos. Etwa die Hälfte der Transaktionen wird als Lastschrift abgewickelt; wertmäßig entfällt jedoch über 90% des Umsatzes auf Überweisungen. Erwartet wird eine zunehmende Verbreitung von Formen des „mobile payment", insbesondere des kontaktlosen Bezahlens mit Kreditkarte oder Smartphone durch Datenübertragung im Rahmen der „Near Field Communication" (NFC) von einem Chip.
- siehe auch Band „Unternehmensführung", Kap.3.3.3 Organisation Geldfluss

Produktlebenszyklen
Kürzere Innovationszyklen durch rasche technische Entwicklung, v.a. in Verbindung mit der Digitalisierung bewirken auch eine Verkürzung des Produktlebenszyklus. Damit gewinnen Maßnahmen der Produktvariation in der Reifephase der Produkte („relaunch"; upgrade; face-lifting) an Bedeutung.
- s. Kap. 4.4

RFID
Abk. für **r**adio-**f**requency **id**entification; Übermittlung von Daten im Materialfluss durch Transponder.
Im Rahmenplan zwar hier aufgeführt, aber inhaltlich Thema im Bereich „Beschaffung und Logistik".

1.1.3 Ökonomische Trends

Im Rahmenplan werden hier genannt:
Globalisierung – siehe Kap. 10.3
Monopolisierung – siehe Kap. 10.1

1.1.4 Politisch-rechtliche Entwicklungen

Ladenöffnungszeiten
Gesetzlich geregelte Beschränkungen für die Öffnung von Ladengeschäften, teils aus Gründen des Arbeitnehmerschutzes, teils auch zum Schutz von Sonn- und Feiertagen. Innerhalb dieser Grenzen sind die Öffnungszeiten den Inhabern freigestellt. – In Deutschland sind die Bundesländer für die Regelung zuständig. Für Werktage gelten gesetzliche Ladenschlusszeiten nur noch in vier Bundesländern. Die Öffnung an Sonn- und Feiertagen ist dagegen in allen Bundesländern begrenzt.

Verbraucherschutz
Allg. Grundlage: **Kaufvertrag** BGB §§ 433 ff
Verbrauchsgüterkauf (§§ 474 – 479) = Kauf einer beweglichen Sache durch einen Verbraucher von einem Unternehmer.
Regeln über **Mängelhaftung** können nicht (z.B. durch AGB) ausgeschlossen werden; eine Garantieerklärung zwingend vorgeschrieben.
Gewährleistung: 24 Monate (bei Gebrauchtkauf: 12); Beweislastumkehr für 6 Monate nach Kauf.
Gefahrübergang erst mit Zustellung

Werbeverbote – *siehe Wettbewerbsrecht, Kap.10.1*

1.1.5 Ökologie und Nachhaltigkeit

Soziale Verantwortung
2013 Früh Aufg.3
Für Image, Öffentlichkeitsarbeit und Kundenbindung zunehmende Bedeutung sozialer und ökologischer Aspekte. – Beispiele: Verpflichtung des Handels, bei Lieferanten auf Einhaltung definierter Standards zu achten; diese können sich beziehen auf ökologische Anforderungen, Arbeitssicherheit, Kinderschutz.

Nachhaltigkeit
2014 Herbst Aufg.1c
Das vor allem in der Forstwirtschaft seit langem geltende Prinzip des Substanzerhalts, nach dem folglich der Verbrauch so begrenzt wird, dass Regeneration auf mindestens gleichem Niveau nicht gefährdet wird (**ökologische N.)**
Im übertragenen Sinne auch gebraucht als
– ökonomische N. = Orientierung auch des erwerbswirtschaftlichen Handelns an dauerhaftem Erfolg;
– soziale N. = Orientierung von politischen Entscheidungen an der Einbeziehung aller Mitglieder der Gesellschaft.

Fairtrade *2014 Herbst Aufg.1*
Von einer Organisation gleichen Namens kontrollierter „fairer Handel" mit Produkten aus Entwicklungsländern. Das Siegel der Organisation bestätigt, dass diese Produkte zu Preisen eingekauft wurden, die für die Hersteller existenzsichernd sind bzw. dass eingesetzte Lohnabhängige unter menschenwürdigen Arbeitsbedingungen beschäftigt und bezahlt werden.

1.2 Stakeholder

Stakeholder
Alle am Unternehmen Interessierten, also außer den Anteilseignern („**Shareholdern**“) auch Mitarbeiter, Kunden, Lieferanten, öffentliche Stellen, Medien.
Der sog. „Stakeholder-Ansatz“ in der Unternehmensstrategie bedeutet eine stärkere Betonung längerfristiger Aspekte stabiler Beziehungen und eines positiven Ansehens.
Die Orientierung an Stakeholdern hat Bedeutung generell für die Festlegung von Zielen und Strategien, konkret u.a. für die Definition der Zielgruppen von Kommunikationsmaßnahmen.

1.3 Betriebsformen

Verkaufsformen nach Standort:
- stationärer Handel (Ladengeschäft);
- Versandhandel (Verkauf auf Bestellung durch Versand);
- ambulanter Handel (Marktgeschäfte, Hausierer).

Verkaufsformen nach Sortiment u.a.:
- Fachgeschäft (Konzentration auf eine Warengruppe mit vielen Ausführungen);
- Spezialgeschäft (wie Fachgeschäft, jedoch noch engere aber tiefere Sortimentierung);
- Fachmarkt (innerhalb der Spezialisierung breites und tiefes Sortiment mit großer Verkaufsfläche);
- Verbrauchermarkt (breites Sortiment);
- Supermarkt (Verbrauchermarkt mit Sortimentskonzentration auf Nahrungs- und Genussmittel).

Verkaufsformen nach Bedienung:
- Selbstbedienung (durch den Kunden);
- Vorwahl (freier Zugriff auf Waren durch den Kunden mit Beratungsmöglichkeit durch Verkäufer)
- Bedienung (kein direkter Zugriff des Käufers auf Waren; Verkaufsgespräch).

Unterscheidungsmerkmale
2012 Herbst Aufg.1b / 2013 Herbst Aufg.2
Betriebsgröße (meist nach Verkaufsfläche in qm); Standort; Verkaufsform; Sortiment nach Breite und Tiefe; Preispolitik; Servicepolitik; Warenpräsentation; Ladengestaltung.
Einteilung in **Vertriebsformen** (*nach Handelsverband*):
Fachhandel (nicht-filialisiert) | Filialisten des Fachhandels | Fachmärkte | Kauf-und Warenhäuser | Versender | SB-Warenhäuser | Verbrauchermärkte | Discounter | Supermärkte | traditioneller Lebensmitteleinzelhandel | online-Handel | Convenience-Verkaufsformen *(s.u.)* | ambulanter Handel | Gebrauchtwarenhandel.

Entwicklung der Vertriebsformen seit 1995
Zunahme von Fachmärkten, Discountern, Onlinehandel, Direktvertrieb, die in erster Linie auf Preisvorteile setzen; Abnahme von Fachhandel, traditionellem Lebensmitteleinzelhandel, Versandhandel, Warenhäusern.
Gleichzeitig besonders rasch wachsende Bedeutung von **Shoppingcentern** = Konzentration mehrerer Handels- und Dienstleistungsunternehmen für Privatkunden an einem gemeinsamen Standort mit gemeinsamer Leitung für Technik und Kommunikation.

Betriebsformen – stationärer Handel (Auswahl)
2014 Herbst Aufg.5a / 2015 Herbst Aufg.4

Form	**Fläche**	**Lage**	**Sortiment**	**Preise**	**Beratung**
Fachgeschäft	Klein - mittel	zentral	Mehr tief als breit	unterschiedlich	intensiv
Fachmarkt	groß	dezentral	1 Branche tief+breit	einzelne niedrig	fallweise
Kaufhaus	> 3.000m²	zentral	mehrere Branchen	unterschiedlich	fallweise
SB-Verbrauchermarkt	> 3.000m²	dezentral	Tief + breit	niedrig	kaum
Supermarkt	> 400m²	zentral	Lebensmittel	Eher niedrig	SB
Discounter	verschieden	verschieden	Konzentriert	niedrig	nein
Partie-Discounter	verschieden	dezentral	fallweise	niedrig	nein

Convenience-Verkaufsformen

2017 Herbst Aufg.2

Als C.-Shop, C.-Store bezeichnete kleine Geschäfte, die auf die „Bequemlichkeit“ (=convenience) ihrer Kunden setzen, denen sie durch räumliche Nähe und lange Öffnungszeiten entgegenkommen; Konzentration des schmalen Sortiments meist auf Tabakwaren, Getränke, Süßwaren, Grundnahrungsmittel, Fertigprodukte, Zeitschriften. Zielgruppe überwiegend 1- und 2-Personen-Haushalte Berufstätiger.

Rack-Jobber

2013 Herbst Aufg.1c

Großhändler, die im Einzelhandel Regalflächen zur eigenständigen Präsentation auf eigenes Risiko anmieten und selbst bestücken; Inkasso durch Einzelhändler, evtl. mit zusätzlicher Umsatzprovision; Form der vertikalen Kooperation.

1.4 Kooperationen

2012 Früh Aufg.2 / 2013 Herbst Aufg.1 / 2014 Früh Aufg.1 / 2015 Früh Aufg.5a / 2015 Herbst Aufg.1 / 2016 Herbst Aufg.6 / 2019 Früh Aufg.1

Zusammenarbeit von Unternehmen, die je nach Handelsstufe als horizontale, vertikale oder laterale (in Klausuren auch bezeichnet als diagonale, heterogene, anorganische oder konglomerate) Kooperation unterschieden werden kann.

Horizontale Kooperationen: Zusammenarbeit von Unternehmen gleicher Handelsstufe; z. B. als Einkaufsgenossenschaft, um eine stärkere Marktstellung gegenüber Lieferanten zu erreichen; als ERFA-Gruppe, um durch regelmäßigen Austausch von Erfahrungen neue Ideen zu bekommen.

Vertikale Kooperationen: Zusammenarbeit von Unternehmen unterschiedlicher Handelsstufen. ZB zwischen Hersteller und Einzelhändler als Vertragshändler oder in einem Franchise-System; zwischen Großhändler und Einzelhändler als Rack Jobbing *(s.o. Kap.1.3)*.

Laterale (auch: diagonale, heterogene, anorganische, konglomerate) Kooperationen: Zusammenarbeit zwischen Unternehmen verschiedener Handelsstufen oder Branchen, z.B. im Bereich der Logistik oder im Marketing für gemeinsame Standortinteressen.

Ziele von Kooperationen

Verbesserung von Einkaufsbedingungen durch größere Marktmacht, z.B. in Folge horizontaler Kooperation Einkaufsgenossenschaften. Optimierung des Kosten-Nutzen-Verhältnisses von Werbeaufwendungen durch Gemeinschaftswerbung *(s.u.)* bei gleichen Zielgruppen.

Größeres Gewicht bei der Vertretung und Wahrnehmung gemeinsamer Interessen, z.B. beim Standort-Marketing. Schaffung und Herstellung bzw. Einkauf gemeinsamer Handelsmarken.

Gemeinschaftswerbung

2016 Früh Aufg.6a | 2019 Herbst Aufg.5

Im Rahmen von Kooperationen wie z.B. örtlichen Werbegemeinschaften oder auch branchenspezifischen Aktionen durchgeführte Kollektivwerbung mehrerer Unternehmen.

Erfolgsfaktoren für Kooperationen

2016 Herbst Aufg.6c

Verfolgen gemeinsamer Ziele, die auch nur gemeinsam erreicht werden können. Frühzeitige und objektive Offenlegung der Konflikte zwischen Wahrung der Selbständigkeit der Beteiligten und Aufgabe der Selbständigkeit im Bereich der Kooperation. Gute Organisation des Informationsflusses; effiziente Regelung der Entscheidungswege.

Siehe auch Kooperationen im Standort-Marketing, Kap. 3.4

Kontrollfragen

Definieren Sie den Begriff Verkäufermarkt.

Nennen Sie drei Merkmale eines SB-Verbrauchermarkts.

Nennen Sie drei typische Bestandteile des Sortiments von Convenience-Stores.

Was ist kennzeichnend für die Betriebsform der Discounter?

Was versteht man unter „Fairtrade“?

Worin unterscheidet sich eine Kooperation von einer Konzentration?

Sowohl Kooperationen als auch Konzentrationen können unterschieden werden nach dem Verhältnis der Beteiligten zueinander im Wertschöpfungsprozess. Welche drei Formen kennen Sie?

Nennen Sie ein Beispiel für eine vertikale Konzentration.

Antworten

Definieren Sie den Begriff Verkäufermarkt.
Nachfrage größer als Angebot; stärkere Marktstellung der Anbieter / Verkäufer.

Nennen Sie drei Merkmale eines SB-Verbrauchermarkts.
Fläche >3.000m², Lage dezentral, Sortiment tief und breit, Preisniveau niedrig, Beratung kaum.

Nennen Sie drei typische Bestandteile des Sortiments von Convenience-Stores.
Tabakwaren, Getränke, Süßwaren, Grundnahrungsmittel, Fertigprodukte, Zeitschriften

Was ist kennzeichnend für die Betriebsform der Discounter?
Discounter zeichnen sich v.a. durch niedriges Preisniveau aus; folglich ziehen sie dann bei Produktgruppen bzw. Käufergruppen die Nachfrage an sich, wenn in erster Linie der Preis die Kaufentscheidung beeinflusst.

Was versteht man unter „Fairtrade"?
Den von einer Organisation gleichen Namens kontrollierten „fairen Handel" mit Produkten aus Entwicklungsländern.

Worin unterscheidet sich eine Kooperation von einer Konzentration?
Bei einer Kooperation bleiben die beteiligten Unternehmen außerhalb des Kooperationsbereichs wirtschaftlich voneinander unabhängig, bei einer Konzentration verliert mindestens eines der beteiligten Unternehmen seine wirtschaftliche Unabhängigkeit.

Sowohl Kooperationen als auch Konzentrationen können unterschieden werden nach dem Verhältnis der Beteiligten zueinander im Wertschöpfungsprozess. Welche drei Formen kennen Sie?

- Horizontal
- vertikal
- lateral.

Nennen Sie ein Beispiel für eine vertikale Konzentration.

Zum Beispiel der Kauf einer Bäckerei durch ein Handelsunternehmen

Übungsaufgabe

Aufgabe 1

Für den Bedeutungsverlust mancher Betriebsformen des Einzelhandels wird durchweg in erster Linie die Verbreitung von Internet und damit einhergehend e-commerce verantwortlich gemacht. Es gab und gibt jedoch auch andere Faktoren, die immer wieder Anpassungsprozesse verursachen.

a) Nennen Sie drei dieser Faktoren und erklären Sie deren Wirkung auf die Betriebsform.

b) Neben dem e-commerce haben auch Shopping-Center und Discounter an Bedeutung gewonnen. Erläutern Sie beide Vertriebsformen und die Ursachen, die Sie für deren Zuwachs annehmen.

Aufgabe 2

Sie wollen mit der Eröffnung eines Studios „Smart Home – digitaler Komfort" im Gewerbegebiet Fuchswiese den Schritt in die Selbständigkeit wagen. Unter der zahlreichen Post auf Grund Ihrer Gewerbeanmeldung ist auch ein Schreiben einer „Werbegemeinschaft Fuchswiese" mit der freundlichen Bitte, der WG beizutreten und aktiv mitzuarbeiten.

a) Welche Form der Kooperation wird Ihnen damit angeboten?

b) Stellen Sie gegenüber, welche Vor- und welche Nachteile Ihnen aus einer Mitgliedschaft erwachsen könnten.

2. Analysen und Strategien

Einordnung der Marketing-Aktivitäten in den Betrieb:
- Fallweise Erledigung durch Verkaufsabteilung
- Stabsstelle beim Verkauf
- Eigenständige Marketing-Abt. neben Verkauf
- Übergeordnete Marketing-Abt.
- Marketing-Management als übergeordnete Aufgabe.

Marketing-Ziele

Ziel = angestrebter Zustand; Formulierung lässt **Strategie** (=Weg zum Ziel) offen.

Zielarten:
quantitativ = unmittelbar in Zahlen auszudrücken; **qualitativ** („psychographisch") = auf Merkmale bezogen, nur auf Umweg in Zahlen auszudrücken.

Zielformulierung:
- lösungsneutral;
- messbar;
- anspruchsvoll, aber realistisch;
- verbindlich und akzeptiert.

Auch als **SMART**-Formel:
Spezifisch (präzise; klar abgegrenzt)
Messbar (quantitative Kriterien auch bei qualitativen Zielen für Soll-Ist-Vergleich, Kontrolle der Zielerreichung)
Attraktiv (auch: akzeptiert; anspruchsvoll)
Realistisch (erreichbar aber „sportlich")
Terminiert (Festlegung eines Zeitrahmens bzw. Zeitpunkts)

Marketing-Ziele– Beispiele:
Ökonomische Ziele (= quantitative Ziele)
- Marktanteil (absolut = gemessen am Marktvolumen; relativ = gemessen am Marktführer);
- Gewinnentwicklung;
- Umsatzziel.

Außer-ökonomische Ziele (= qualitative Ziele)
- Imageverbesserung
- Etablieren in einem bestimmten Preissegment
- Bekanntheitsgrad;
- Kundenzufriedenheit;
- Kundenbindung.

Kundenanalyse - Mögliche Fragestellungen:
- soziodemographische Daten der Bestandskunden und / oder der Zielgruppen (Altersstruktur, Einkommensverhältnisse, berufliche Stellung, Bildungsniveau);
- Kaufabsichten;
- Mediennutzungsgewohnheiten;
- Wertvorstellungen;
- Markenbindung.

Distributionsanalyse
Vergleiche von Absatzwegen unter den Aspekten des Konkurrenzverhaltens, der Kundenakzeptanz, der Kostenstruktur, der Tauglichkeit für die jeweilige Warengruppe, der Flexibilität, der Informationsgewinnung.

Wettbewerbsanalyse
2012 Herbst Aufg.3 | 2016 FrühAufg.2
Mögliche Fragestellungen zur Beurteilung der Konkurrenten: Marktanteile, Preisstrategien, eingesetzte Kommunikationsmittel, Sortimentspolitik, interne Daten (Anzahl Filialen, Verkaufsflächen, Anzahl und Qualifikationsstruktur der Mitarbeiter). – *siehe auch Kap.10.1*

Ist-Analyse / Konkurrenzanalyse:
Abgrenzung der Anbieter als Konkurrenten nach gleicher Zielgruppe und/oder gleichem Nutzenversprechen. Untersuchung u.a. nach deren Stärken / Schwächen, Leistungsprogramm und Portfolio, Marktanteil und seine Entwicklung, Preisniveau und Preispolitik; Verkaufsform; Kommunikationsstil; Werbeverhalten.

Umfeld-Analyse
2012 FrühAufg.5
Mögliche **Einflussfaktoren**:
- gesamtwirtschaftliche Rahmenbedingungen (z.B. Konjunkturentwicklung; Entwicklung der verfügbaren Einkommen);
- rechtliche Rahmenbedingungen (Gesetzesänderungen);
- politische Rahmenbedingungen (Z. B. Exportverbote, Handelsbeschränkungen);
- techn. Rahmenbedingungen (Neuentwicklungen, Patente)

2.1 Marktdaten

2012 Früh Aufg.4 | 2019 Herbst Aufg.3a+b

Mögliche Fragestellungen *(IHK-Formelsammlung S. 67 f.)*
Marktvolumen = tatsächliche oder erwartete Absatzmenge einer gesamten Branche oder Warengruppe.
Marktpotential = Volumen des Marktes bei Sättigung, also das Produkt aus der Gesamtzahl potentieller Kunden und deren potentieller Kaufkraft für diese Branche oder Produktgruppe.
Marktwachstum = Zunahme des Marktvolumens und/oder Marktpotentials.

Absatzvolumen = tatsächliche oder erwartete Absatzmenge eines einzelnen Unternehmens mit einer bestimmten Produktgruppe.
Absatzpotential = Marktpotential eines einzelnen Unternehmens dieser Branche oder mit dieser Warengruppe.

Marktanteil = prozentualer Anteil des Absatzvolumens am Marktvolumen.
relativer Marktanteil = Verhältnis des eigenen Marktanteils zum Marktanteil des größten Unternehmens

2.2 Marktforschung

Aufgaben der Marktforschung - *2012 Herbst Aufg.5*
Bezeichnung dieser Aufgaben meist als **Funktionen:**
- Entscheidungsvorbereitung;
- Erfolgskontrolle = Beschaffung der erforderlichen Daten für Soll-Ist-Analysen zur Beurteilung des Effekts des Einsatzes von Marketinginstrumenten;
- Frühwarnfunktion = rechtzeitige Entdeckung von Art und Umfang von Marktrisiken;
- Prognosefunktion = Erkennen von Trends, qualifiziertere Abschätzung künftiger Entwicklungen;
- Zielgruppenanalyse = Gewinnen von Daten über (potentielle) Kunden zum effektiven Einsatz der Marketinginstrumente.

Phasen der Marktanalyse:
1. Definition des Informationsbedarfs
2. Design, Organisation und Durchführung
3. Datengewinnung: Durchführung und Datensammlung
4. Aufbereitung und Analyse der Informationen
5. Interpretation und Verwendung der Ergebnisse

Anforderungen an Marktforschung
1. **Objektivität** (Unabhängigkeit): Unabhängigkeit der Ergebnisse des Versuchsvorgangs vom Durchführenden hinsichtlich Durchführung, Auswertung und Interpretation.
2. **Reliabilität** (formale Genauigkeit): Abwesenheit von Zufallsfehlern beim Versuchsverfahren.
3. **Validität** (konzeptionelle Richtigkeit): Gültigkeit der gefundenen Ergebnisse in dem Sinne, dass auch das Untersuchungsobjekt getroffen wurde.
4. **Repräsentativität** (Aussagekraft): Ergebnisse einer Stichprobe dürfen nur mit einer definierten maximalen Irrtumswahrscheinlichkeit vom wahren Wert der Grundgesamtheit, über die sie Aussagen liefern soll, abweichen.

Arten der Marktforschung - nach dem Bezug zur **Zeit**:
Marktanalyse = zeitpunktbezogen; Untersuchung zu einem definierten Zeitpunkt
Marktbeobachtung = Zeitraum bezogen; Untersuchung kontinuierlich über einen längeren Zeitraum
Marktprognose = zukunftsbezogen; auf der Auswertung aus Vergangenheit Daten drohende Aussage über künftige Entwicklungen.

Nach dem **Untersuchungsgegenstand**:
Bedarfsforschung, Verbrauchsforschung, Produktforschung, Konkurrenzforschung.

Nach den **Methoden**:
Primärforschung – Sekundärforschung
2013 Früh Aufg.2 | 2017 Herbst Aufg.4
Primärforschung = erstmalige Gewinnung von Daten, z.B. durch Kundenbefragung, Beobachtung.
Sekundärforschung = Auswertung vorhandener Daten, z.B. interner Buchhaltungsdaten, externer Branchenstatistik, Fachzeitschriften, Statistische Ämter.

Primärforschung (field research)

Vorteile: liefert aktuelle Daten; Frage Stellung kann auf dem Untersuchungsgegenstand abgestimmt werden.
Nachteile: hohe Kosten; großer Zeitbedarf.

Sekundärforschung (desk research)

Vorteile: kostengünstig; Daten schnell verfügbar.
Nachteile: Daten eventuell veraltet; Daten möglicherweise nicht genau zur Fragestellung passend.

Primärforschung: Grundbegriffe

Grundgesamtheit = die gesamte Menge, über die Informationen gewonnen werden sollen.

Vollerhebung = alle Elemente der Grundgesamtheit werden in die Erhebung einbezogen.
Stichprobe = eine Teilmenge wird untersucht, um aus dem Ergebnis Rückschlüsse auf die Grundgesamtheit zu ziehen.

Primärforschung: Erhebungsmethoden

2014 Früh Aufg.3a | 2020 Früh Aufg.1
Vollerhebung bei kleiner Grundgesamtheit, Teilerhebung bei großer Grundgesamtheit.
Auswahlverfahren bei Teilerhebung
Homogene Grundgesamtheit: einfache Zufallsauswahl der Stichprobe („Random-Verfahren").
Heterogene Grundgesamtheit:
komplexe Zufallsauswahl (Klumpenauswahl); bewusste Auswahl (Quotenverfahren).
Vorgehensweise - *2020 Früh Aufg.1*d

1. Ziele der Befragung definieren
2. Zu befragende Zielgruppe abgrenzen
3. Marktforschungsinstitut auswählen und briefen
4. Umfang und Kosten der Befragung aus Zielen ableiten
5. Geeignete Befragungs-Methode festlegen
6. Erstellung und Erprobung der Fragebögen
7. Zeitplanung
8. Durchführung
9. Datenauswertung und Analyse
10. Präsentation intern
11. Eventuell Entwicklung abgeleiteter Werbemaßnahmen

Methoden der Marktanalyse

2013 Herbst Aufg.5 | 2014 FrühAufg.3c
Beobachtung: planmäßige Erfassung sinnlich wahrnehmbarer Objekte oder Ereignisse in einem genau beschriebenen Untersuchungsbereich unter einem bestimmten Erkenntnisziel zum Zeitpunkt ihres tatsächlichen Geschehens.

Vorteile: unabhängig von Auskunftsbereitschaft; unabhängig von Ausdrucksvermögen; Ermittlung auch unbewusster Sachverhalte.
Nachteile: Nicht auf alle Sachverhalte anwendbar; Fehlinterpretationen möglich; Situation nicht wiederholbar.

Mystery Shopping
Mischform aus „Beobachtung" und „Experiment", bei der dafür geschulte Testkäufer als normale Kunden getarnt auftreten, um das Einkaufserlebnis aus Kundensicht auszuwerten.

Befragung - schriftlich (**Fragebogen**)
2014 FrühAufg.3b
Vorteile: geringere Kosten; Zeit zum Nachdenken für Befragte; keine Beeinflussung durch Interviewer; hohe Anonymität. - Nachteile: keine Hilfe bei Missverständnissen; einfache Gestaltung des Fragebogens erforderlich; keine Kontrolle, wer tatsächlich den Fragebogen ausgefüllt hat; häufig geringe Rücklaufquote; Aufwand bei der Daten-Erfassung.

Online-Befragung *(2016 FrühAufg.3)*
Wie Fragebogen, noch kostengünstiger und schneller. Evtl. noch geringere Rücklaufquote, fehlende Repräsentativität durch Begrenzung auf online-Nutzer, schwierige Beschaffung verwendbarer mail-Adressen.

Interview mündlich; CAPI = Computer Aided Personal Interview. - Vorteile: Einsatz von Hilfsmitteln, Vorlagen möglich; Möglichkeit zusätzlicher Beobachtungen; größere Differenziertheit der Fragen möglich. - Nachteile: teuer; erheblicher Aufwand über Interviewer; großer Zeitraum zwischen Start und Abschluss der Befragung.

Interview telefonisch; CATI =Computer Aided Telefone Interview)
Vorteile: hohe Ausschöpfungsquote; niedrigere Kosten; zeitlich nähere Durchführung. - Nachteile: hohe Verweigerungsquote; erschwerte Stichprobe wegen sinkender Bedeutung der Festnetz-Nummern; geringere Interviewdauer möglich.

Panel
Wiederholte Befragung eines gleichbleibenden Personenkreises über ein gleichbleibendes Thema. - Vorteile: geringere Kosten für Auswahl; geeignet zur Feststellung von Verhaltensänderungen. - Nachteile: Paneleffekt (Gewöhnung der Befragten), Panelsterblichkeit.

2.3 Marktsituation

Portfolioanalyse (BCG = Boston Consulting Group)
2014 Herbst Aufg.7 | 2015 Herbst Aufg.3 | 2018 Herbst Aufg.4
Darstellung der Produkte bzw. Produktgruppen in einem Koordinatensystem aus Relativem Marktanteil (Abszisse) und Marktwachstum (Ordinate). Festlegung der Skala in Abhängigkeit von Extremwerten. Nach Halbierung beider Reihen ergibt sich eine Vier-Felder-Matrix.

Produkt-Portfolio	**Marktanteil niedrig**	**Marktanteil hoch**
Marktwachstum über dem Schnitt	Question Marks	Stars
Marktwachstum unter dem Schnitt	Poor Dogs	Cash Cows (Milchkühe)

Normstrategien

Question Marks (Fragezeichen; Einführungs- oder Wachstumsphase): entweder investieren, um den Marktanteil zu erhöhen, oder zurückziehen
Stars (Sterne; Wachstumsphase): investieren, um Position zu ntwickeln bzw. zu verteidigen
Cash Cows (Milchkühe; Reife- oder Sättigungsphase): nur Erhaltungsinvestitionen; Gewinn abschöpfen zur Finanzierung der anderen
Poor Dogs (arme Hunde; Sättigungs- oder Degenerationsphase): entweder eliminieren oder bei positivem Deckungsbeitrag oder wegen Synergieeffekten mit anderen Produkten oder aus Imagegründen am Leben halten.

SWOT-Analyse (Analyse von Erfolgspotentialen)
2017 Früh Aufg.1 | 2018 Früh Aufg.1 | 2020 Früh Aufg.3
Kunstwort aus **S**trengths (Stärken), **W**eaknesses (Schwächen), **O**pportunities (Chancen), **T**hreats (Risiken).
Zusammenfassende Betrachtung interner Fähigkeiten (Stärken und Schwächen) und externer Einflussfaktoren (Chancen und Risiken) zur Beurteilung von Strategien vor allem bei Expansionsplänen. Die Darstellung ergibt eine Vier-Felder-Matrix der möglichen Kombinationen dieser Merkmale. - Die jeweils zugehörigen Strategien werden auch nach den Anfangsbuchstaben der Kombination benannt:
- SO-Strategie (interne Stärken / externe Chancen): Chancen nutzen
- ST-Strategie (interne Stärken / externe Risiken): Risiken vorbeugen
- WO-Strategie (interne Schwächen / externe Chancen): Schwächen beseitigen
- WT-Strategie ((interne Schwächen / externe Risiken): unterlassen.

Image-Analyse
Untersuchung der Außenwirkung des eigenen Unternehmens aus der Kundenwahrnehmung; Ermittlung eines Profils (**Polaritätenprofil)** durch Abfrage der Beurteilungen auf einer Skala zwischen gegensätzlichen Begriffspaaren.

2.4 Marketingstrategien

Marketing-Konzeption:
Umfassender Plan von langfristiger Zielsetzung über Strategien bis zum operativen Einsatz der Marketing-Instrumente, der auf Kenntnis der Märkte basiert.
Marketing-Prozess:
Ist-Analyse (Marktforschung; Konkurrenzanalyse) – Prognose – Zielformulierung – Strategieentscheidung – Festlegung Marketing-Mix – Umsetzung – Controlling.

Strategische Geschäftseinheiten und deren Ausgestaltung
Strategische Geschäftseinheit (SGE) = Teilbereich eines Unternehmens, der in einem Marktsegment unabhängig von anderen Teilgebieten der Unternehmung agiert. SGE sind meist mit einer bestimmten Markt-Produkt-Kombination verbunden und für ihr Ergebnis verantwortlich. Mehrere SGE können bei ähnlich gelagertem Marktumfeld auch zu einem **strategischen Geschäftsfeld (SGF)** zusammengefasst werden.

Strategien **Absatzmarkt**
Räumlich: z.B. regional – national – global
Zielgruppen: undifferenziert (= Bearbeitung aller Zielgruppen, damit des Gesamtmarktes); differenziert (= **Segmentierung** des Marktes in unterschiedliche Zielgruppen, die auch mit unterschiedlichen Kombinationen der Marketing-Instrumente angesprochen werden). – *siehe Kap. 2.5*

Strategien **Kundenbeeinflussung**
Preis-Mengen-Strategie = Konzentration auf Niedrigpreise als Kaufargument. - **Präferenzstrategie** = Konzentration auf Qualität, Schaffung von Präferenzen zur Gewinnung von Markenkäufern.

Strategien **Markteintritt**

Pionierstrategie = Erstanbieter eines neuen Produktes; Schaffen eines neuen Marktes.

Imitatorstrategie = Markteintritt erst nach Öffnen des Marktes durch den Pionier.

Späteinsteigerstrategie = Markteintritt erst in der Reifephase.

Ansoff-Matrix 4-Felder-Matrix aus Produkt-Markt-Kombinationen nach den Merkmalen alt/neu.

Produkt/ Markt	alt	neu
Alt	Markt-durchdringung	Markt-entwicklung
Neu	Produkt-entwicklung	Diversifikation

Marktdurchdringung = mit vorhandenem Produktprogramm Maximierung des Marktanteils durch Aktivierung bisheriger Nicht-Kunden und/oder Steigerung des durchschnittlichen Kundenumsatzes und/oder Verdrängung von Konkurrenten.

Marktentwicklung = Erschließung neuer Märkte (neue Regionen und/oder neue Kundengruppen) mit dem vorhandenen Produktprogramm.

Produktentwicklung= auf bereits bearbeiteten Märkten Stärkung der Position durch Erweiterung des Produktprogramms (bzw. im Handel: des Sortiments), z.B. durch Variation vorhandener Produkte..

Diversifikation = Erschließung neuer Märkte mit neuen Produkten / neuem Sortiment. – Richtungen:

Erweiterung des Produktprogramms bzw. Sortiments **horizontal** (= um Produkte auf gleicher Wertschöpfungsstufe) oder **vertikal** (=um in der Herstellung vor- oder nachgelagerte Produkte) oder **lateral** (um völlig andere Produkte).

Beispiel: Fliesenfachgeschäft erweitert sein Sortiment um Tapeten (horizontal), Verlegearbeiten (vertikal nachgelagert) und Kaminholz (lateral). – *siehe auch Kap. 6.5*

Strategien Wettbewerbsverhalten

(gilt für oligopolistischen Markt)

Kooperationsstrategie = Zusammenarbeit zur Marktentwicklung; Abstimmung über gemeinsame Interessen; technische Kooperationen.

Anpassungsstrategie = Ableitung des eigenen Verhaltens aus dem der Wettbewerber oder des Marktführers, entweder imitativ (nachahmend) oder ausweichend als Suche nach Markt-Nischen.

Konfliktstrategie = auf Erhöhung des eigenen Marktanteils gerichtet; Konflikt über Produktinnovation und/oder Preiskampf bis hin zu Verdrängungswettbewerb.

Strategien Wettbewerbsvorteil (nach Porter)

2018 Herbst Aufg.3

4-Felder-Matrix aus der Kombination der Merkmale Leistungs- oder Kostenvorteil einerseits und Grad der Marktabdeckung andererseits mit den Varianten:

- **Qualitätsführerschaft** (Leistungsvorteil + Gesamtmarkt); Unterscheidung von Konkurrenz durch echte Alleinstellungsmerkmale. Voraussetzungen: Kunden entscheiden nach Qualität; Unternehmen verfügt über Qualitätsvorsprung.
- **Preisführerschaft** (Kostenvorteil + Gesamtmarkt); Unterscheidung von Konkurrenz durch Preisvorteile. Voraussetzungen: Kunden entscheiden nach Preis; Unternehmen verfügt über Kostenvorteile.
- Bei Abdeckung nur eines Marktsegments: **Nischenstrategie** als Produkt-Segment-Spezialisierung (Leistungsvorteil) oder Segment-Niedrigpreisstrategie (Kostenvorteil)

2.5 Marktsegmentierung

Marktsegmentierung

2012 Früh Aufg.1a+c | 2013 Herbst Aufg.6 | 2015 Früh Aufg.7a

Aufteilung eines Gesamtmarktes üblicherweise der potentiellen Kunden auf dem Absatzmarkt in verschiedene **Zielgruppen**. - Mögliche Strategien der Marktbearbeitung:
undifferenziert = gleiche Bearbeitung aller Zielgruppen, damit des Gesamtmarktes;
differenziert = Bearbeitung mit unterschiedlichen Kombinationen der Marketing-Instrumente;
konzentriert = Bearbeitung nur einer Zielgruppe, damit eines Teilmarktes.
Merkmale für die Aufteilung können sein:
soziodemographische (Alter, Geschlecht, Familienstand, Einkommensniveau, Haushaltsgröße)
psychografische (Wertvorstellungen, Freizeitinteressen, Lebensstil, Markenbindung)
geographische (Nielsen-Gebiet, Bundesland, Region, Ballungsraum, Stadt)

Psychografische Segmentierung

2019 Früh Aufg.5

Für die Definition von homogenen Teilmengen innerhalb einer heterogenen Gesamtzielgruppe nach gemeinsamen Wertesystemen oder Verhaltenstypologien existieren zahlreiche Modelle. Am bekanntesten sind die **Sinus-Milieus** – eine vom Sinus-Institut entwickelte Typologie mit Unterscheidung in zehn Gruppen.

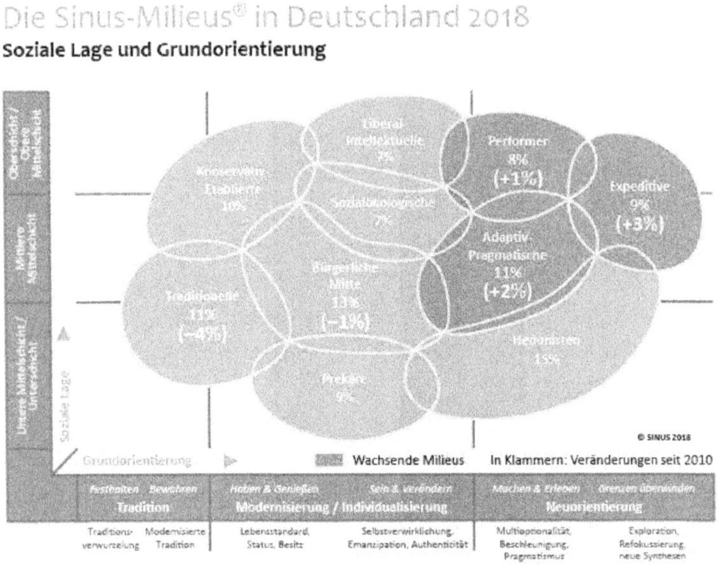

Limbische Karte

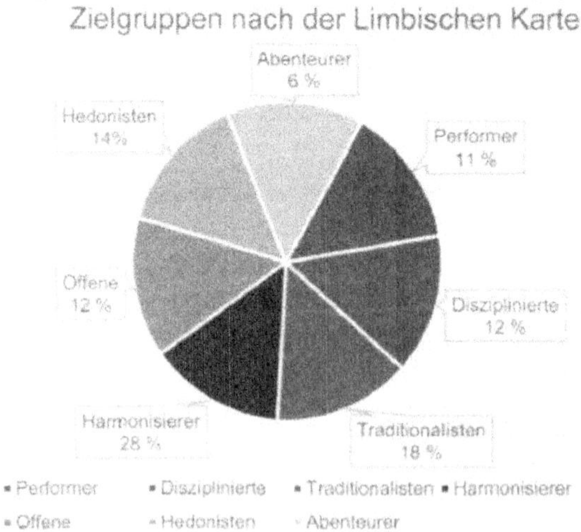

Limbic basiert auf einem Ansatz von H.-G. Häusel, der nach eigener Darstellung die neuesten Erkenntnisse der Hirnforschung, der Psychologie und der Evolutionsbiologie mit empirischer Konsumforschung verknüpft.

2.6 Internationalisierung

Globalisierung – *s. Kap. 10.3*

Interkulturelle Kommunikation
Beachtung der Unterschiede zwischen verschbiedenen Kulturen hinsichtlich der Wertesysteme, Verhaltensmuster, Konsumgewohnheiten etc.
Dimensionen zur Kategorisierung verschiedener Kulturen nach **Hofstede**:
- Machtdistanz
- Individualitätsgrad
- Maskulinität
- Risikobereitschaft.

Marketingstrategien

Direktinvestitionen: Gründung eigener Tochtergesellschaften oder Aufkauf einheimischer Gesellschaften bzw. Erwerb von Beteiligungen.
Kooperationen: Zusammenarbeit von Unternehmen aus verschiedenen Ländern in bestimmten Bereichen, die je nach Produktionsstufe in horizontale, vertikale und laterale (heterogene) Kooperation unterschieden werden können.
Joint-Venture: Gründung eines Unternehmens im Ausland mit Beteiligung eines ansässigen Unternehmens als (meist hälftigem) Mit-Gesellschafter; eine häufig durch Gesetze des jeweiligen Landes erzwungene Form der Kooperation.

Franchising: Absatzsystem aus rechtlich selbstständigen Vertragspartnern, wobei durch vertragliche Verpflichtung ein einheitliches Auftreten auf dem Markt sichergestellt wird. Das beinhaltet für den Franchisegeber eine darauf bezogene Weisungs- und Kontrollbefugnis, die sich in seinen Pflichten niederschlägt (Einräumung von Nutzungsrechten von Marken, Überlassung von Werbematerial, Stellen von Einrichtungsplänen etc). Lieferung der dabei erforderlichen Waren über Ex- und Importgeschäfte.

Vorteile für Franchisegeber: Präsenz auf ausländischem Markt durch „ortskundigen" Partner; Abwälzung des Waren-Risikos; Abwälzung des Personalkostenrisikos; Chance auf rasches Expansionstempo; geringerer Eigenkapitalbedarf.
Nachteile für Franchisegeber: Aufwand für Kontroll- und Sicherungsmaßnahmen; höherer Aufwand für Verwaltung, ggf. Konfliktschlichtung; Risiko mangelnder Qualifikation der Partner.

Lizenzabkommen: Gewährung des Rechtes zur
- Nutzung von Produktionsverfahren;
- Herstellung definierter Produkte;
- Verwendung geschützter Markennamen

Kontrollfragen

Was ist der Unterschied zwischen Marktpotenzial und Marktvolumen?

Wie berechnet man den eigenen relativen Marktanteil?

Nennen Sie zwei Vorteile der Sekundärforschung gegenüber der Primärforschung.

Was versteht man unter der Repräsentativität einer Umfrage?

Nennen Sie ein Beispiel für eine Fragestellung, die sich am besten durch Beobachtung beantworten lässt.

Was bedeutet der Begriff Mystery Shopping?

Was beinhaltet eine SWOT-Analyse?

Nach welchen Merkmalen kann die Segmentierung eines Marktes vorgenommen werden?

Nach welchen Merkmalen wird die 4-Felder-Matrix nach Porter gebildet?

Antworten

Was ist der Unterschied zwischen Marktpotenzial und Marktvolumen?
Marktpotenzial ist der auf einem Markt insgesamt mögliche Umsatz, Marktvolumen ist der tatsächliche Gesamtumsatz.

Wie berechnet man den eigenen relativen Marktanteil?
Als Verhältnis des eigenen Marktanteils zum Marktanteil des stärksten Wettbewerbers.

Nennen Sie zwei Vorteile der Sekundärforschung gegenüber der Primärforschung.
– Es geht schneller
– es kostet weniger

Was versteht man unter der Repräsentativität einer Umfrage?
Dass man aus den in einer Stichprobe ermittelten Daten zutreffende Rückschlüsse auf eine größere Grundgesamtheit ziehen kann.

Nennen Sie ein Beispiel für eine Fragestellung, die sich am besten durch Beobachtung beantworten lässt.
Zum Beispiel die Laufwege von Kunden in der Verkaufsfläche

Was bedeutet der Begriff Mystery Shopping?
Dass dafür geschulte Testkäufer als normale Kunden getarnt auftreten

Was beinhaltet eine SWOT-Analyse?
Die zusammenfassende Betrachtung interner Fähigkeiten (Stärken und Schwächen) und externer Einflussfaktoren (Chancen und Risiken)

Nach welchen Merkmalen kann die Segmentierung eines Marktes vorgenommen werden?
Bildung von Teilmengen der Zielgruppe nach soziodemografischen (Alter; Geschlecht; Einkommen) oder psychografischen (Konsumverhalten; Präferenzen) Merkmalen.

Nach welchen Merkmalen wird die 4-Felder-Matrix nach Porter gebildet?
Kombination der Merkmale Leistungs- oder Kostenvorteil einerseits und Grad der Marktabdeckung andererseits

Übungsaufgaben

Aufgabe 3

Unabdingbare Voraussetzung für eine erfolgreiche Sortimentpolitik ist, die sich wandelnden Kundenwünsche möglichst früh und genau zu kennen.

a) Erklären Sie, welche Untersuchungsmöglichkeiten hier die Primärforschung bietet.

b) Erläutern Sie den Unterschied und das Verhältnis zwischen Primär- und Sekundärforschung.

Aufgabe 4

Sie haben den Eindruck, dass Ihre bisherigen Marketing-Maßnahmen, bei denen nicht weiter nach Zielgruppen unterschieden wird, viele potentielle Kunden nur schwach ansprechen. Deshalb wollen Sie die Möglichkeit einer Marktsegmentierung prüfen.

a) Nach welchen Kriterien kann eine Marktsegmentierung erfolgen? Nennen und erläutern Sie drei verschiedene.

b) Welche beiden grundsätzlichen Strategien der Marktbearbeitung kommen an Stelle der bisherigen nach erfolgter Marktsegmentierung in Frage?

3. Marketinginstrumente

3.1 Marketinginstrumente Handel

Marketing-Instrumentarium

Die klassische Einteilung der Tätigkeits- / Entscheidungs-Felder des Marketing in Produkt-, Preis-, Distributions- und Kommunikationspolitik *(siehe nächstes Kap. 3.2!)* muss für den Handel z.T. abgewandelt werden.

Produktpolitik (Sortimentspolitik)

Da der Handel definitionsgemäß keine Produkte herstellt, entfällt dieser Bereich. Die meisten der Strukturen und Begriffe in diesem Zusammenhang stellen sich dafür dem Handel im Rahmen seiner Sortimentspolitik. - *siehe Kap. 4.*

Preispolitik

An die Stelle der für den Produktionsbetrieb entscheidenden Einflußgröße der Selbstkosten tritt im Handel der Bezugspreis. Vom Produktionsbetrieb zu treffende strategische Entscheidungen in der Preispolitik werden im Handel z.T. bereits mit der Sortimentspoliutik getroffen. Dafür erhält die Konditionenpolitik eine größere Bedeutung. – *siehe Kap. 3.6*

Distributionspolitik / Standortpolitik

Da der Handel aus Sicht der Produktionsbetriebe selbst Teil des Distributionsweges ist, stellt sich die Frage der Distributionswege nur im Groß- und Außenhandel. Stattdessen spielt im Handel die Standortwahl eine große Rolle. – *siehe Kap. 3.4*

Kommunikationspolitik
Hier gelten für den Handel die gleichen Modelle, jedoch mit anderen Schwerpunkten. Von besonderer Bedeutung sind Verkaufsförderung *(siehe Kap. 5.1)*, Werbung *(s. Kap.7)* und Öffentlichkeitsarbeit *(siehe Kap. 8)*.

Dienstleistungs-Marketing
Erweiterung der genannten vier Felder des Marketing auf sieben durch Hinzunahme von:
Personalpolitik; Ausstattung; Prozesspolitik.
Dem Dienstleistungscharakter des Handels entsprechend schlägt sich das nieder in den Feldern Service-Politik *(s. Kap. 5.2)*, Verkaufspersonal *(siehe Handlungsbereich „Führung und Personalmanagement)* und teilweise in Visual Merchandising *(Kap. 6)*.

3.2 Marketinginstrumente Produktionsbetrieb

Marketing-Instrumentarium

Klassische Einteilung des Marketing in:

Produktpolitik = kundengerechte Gestaltung der Produkte, Realisierung eines marktgerechten Leistungsprogramms.

Kontrahierungs- (Preis-) Politik = alle Entscheidungen mit Einfluss auf das Entgelt für das verkaufte Produkt / die erbrachte Leistung.

Distributionspolitik = Entscheidung über Vertriebswege in physischer Hinsicht und akquisitorisch. - *2019 Früh Aufg.2*

Beim gleichzeitigen Einsatz mehrerer Vertriebswege („multichanneling") wird unterschieden:

Integrationsstrategie - Verzahnung verschiedener Distributionskanäle miteinander; den Kunden wird die Wahl des Distributionsweges überlassen und die gleichzeitige Nutzung mehrerer ermöglicht.

Separationsstrategie - Völlige Trennung der Distributionskanäle voneinander, evtl. auch rechtliche Trennung in verschiedene Vertriebsgesellschaften.

Kommunikationspolitik = Information als Vermittlung von Daten über Produkteigenschaften, technische Merkmale, Preise, Verfügbarkeit etc. und zugleich Beeinflussung, z.B. zum Schaffen von Bedürfnissen, Prägen von Einstellungen, Herstellung von Präferenzen.

Marketing-Mix = das aufeinander abgestimmte Vorgehen auf diesen Feldern als kombinierter Einsatz der Instrumente. Im amerikanischen als **4 P**: **P** roduct - **P** rice - **P** lace - **P** romotion.
- Speziell im Dienstleistungs-Marketing Erweiterung auf 7 P:
P eople (Personalpolitik)
P hysical Factors (Ausstattung)
P rocess (Prozesspolitik).

3.3 Positionierung und Profilierung

Positionierung

Abgrenzung gegenüber Wettbewerb v.a. hinsichtlich der Merkmale Preisniveau und (Sortiments-)Qualität; Wiedererkennbarkeit für Kunden bzw. Zielgruppe durch Schaffen eines „**USP**“ (Abk. für „Unique Selling Proposition“ = „alleinstellendes Verkaufsmerkmal).

Grundlagen sind das Leitbild des Unternehmens und die daraus abgeleitete „Corporate Identity“ – Thema im Handlungsbereich „Unternehmensführung“, Kap. 3.4:

Corporate Identity

Stilisierung des Unternehmens zu einer eigenen „Persönlichkeit“ mit einem erkennbaren Charakter und typischen Profil durch ein klares Selbstbild. Enthält einheitliche Regelungen zu
Corporate Design (Erscheinungsbild): Farbe; Schrift; Logo
Corporate Behaviour (Verhalten): Umgang mit Geschäftspartnern und Mitarbeitern im Einklang mit den Normen des Leitbildes.
Corporate Governance (Führungsgrundsätze; s.o.): Transparenz; Unbestechlichkeit
Corporate Communication (Kommunikation): Sprachstil, Ausdrucksweise.

Profil

- s. Polaritätenprofil / Imageanalyse“ in Kap. 2.3

3.4 Standortmarketing

Bedeutung von Standortentscheidungen

2016 Herbst Aufg.4a

Gründe für strategische **Bedeutung** der Standortwahl:
- wegen hoher Kapitalbindung (Gebäude, Infrastruktur) nicht ohne weiteres korrigierbar;
- Entfernung bzw. Nähe zu Kunden vor allem im Einzelhandel von oft entscheidender Bedeutung;
- Chance auf qualifiziertes Personal vom Umfeld des Standorts abhängig;
- Attraktivität des Standorts kann auch durch externe Faktoren (Nachbarschaft) stark verändert werden.

Kooperationen

2018 Früh Aufg.2b

Zusammenarbeit von Handelsunternehmen bei gemeinsamen Marketing-Maßnahmen für den Standort. – Ziele:
- Optimierung von Branchenmix;
- Pflege von Image und Optik;
- Verbesserung von Erreichbarkeit;
- Verbindung mit Gastronomie, Freizeitmöglichkeiten, Events.

Zu Kooperationen allgemein siehe auch Kap. 1.4

Kriterien

2016 Herbst Aufg.4b | 2018 Früh Aufg.2a

Die Kriterien der Standortwahl sind je nach Betriebsform stark unterschiedlich zu gewichten; z.B. für **Einzelhandel** hohe Bedeutung von Umfeld, Erreichbarkeit, Parkmöglichkeiten; für **Großhandel** eher von Bedeutung die Ansiedlungskosten und Verkehrsinfrastruktur.

Unterscheidung von Standorten **nach Größe** bzw. Einzugsgebiet:
Oberzentren – Städte >100.000 Einwohner; meist starke Ausstrahlung auf das weitere Umland, sofern nicht ein stärkeres Oberzentrum in unmittelbarer Nähe liegt (Fürth bei Nürnberg; Offenbach bei Frankfurt).
Mittelzentren – Städte < 100.000 Einwohner mit Ausstrahlung auf das (eher ländliche) Umfeld.
Grundzentren – Kleinstädte, Orte < 10.000 Einwohner; Standort überwiegend für Einzelhandel zur Grundversorgung.

Unterscheidung von Standorten **nach Lage**:
Innenstadt – hier vor allem bei Oberzentren weitere Unterscheidung in A-, B-, C-Lagen je nach Kundenfrequenz;
Einkaufszentrum – Zusammenfassung einer größeren Anzahl vor allem von Fachgeschäften mit gemeinsamer Infrastruktur, sowohl innerstädtisch als auch am Stadtrand möglich;
Stadtrandlage („grüne Wiese“) – Ausnutzung der niedrigeren Kosten für Grundstücke, um besonders große Verkaufsflächen und großzügige Parkplatzmöglichkeiten zu bieten.

Demographische Kriterien *(2013 Früh Aufg.7a)*
Einwohnerzahl (in vielen Branchen auch: Zahl der Haushalte) in verschiedenen Entfernungszonen.
Einwohnerstruktur nach Altersklassen, Einkommensniveau (Kaufkraftindex), durchschnittliche Haushaltsgröße, Entwicklung.

Wettbewerbskriterien *(2013 Früh Aufg.7b)*
je nach Branche und Strategie Entfernung zu vergleichbaren Wettbewerbern (z. B. Bei Baumärkten) oder im Gegenteil Nähe zu branchengleichen Unternehmen, um als **Agglomeration** (Zusammenballung gleichartiger Unternehmen) hohe Attraktivität des Standortes zu erreichen.

Kostenkriterien

2015 Früh Aufg.2

Grundstücks- / Miet-kosten; Erschließungskosten; Transportkosten; Steuern und Abgaben; Beiträge, z.B. zu Werbegemeinschaften; eventuelle Erschwernisse (geologische Bedingungen) oder Auflagen (Umweltschutz; Denkmalschutz).

Kennziffern

Kaufkraft: Kennziffer in Prozentpunkten, wobei 100 = Bundesdurchschnitt (z.T. auch Unterscheidung in alte und neue Bundesländer); 110 = 10% > Durchschnitt.

Zentralität: Koeffizient aus Kaufkraft und erzieltem Umsatz an einem Standort; 110 = Umsatz 10% Kaufkraft (durch Einkaufspendler aus dem Umland).

Methode der Standortwahl

1. Entscheidung über zu berücksichtigende Kriterien und Bewertungsmaßstab;
2. Zuordnung von Gewichtungsfaktoren;
3. eventuell Aussortieren von Entscheidungsvarianten nach Kriterien der Unverzichtbarkeit („Killer-Kriterien");
4. Berechnen der Nutzenwerte pro Alternative;
5. Entscheidung

Nutzwertanalyse

2016 Herbst Aufg.4c

Vergleich von Entscheidungsvarianten durch Vergleich der bei den verschiedenen Kriterien entstehenden Nutzenwerte, meist verbunden mit einer Gewichtung der Kriterien nach ihrer Bedeutung für die Entscheidung. Problem ist damit, die Objektivität bei der Bestimmung von Nutzenwerten und Gewichtungen zu wahren, z.B. durch Beteiligung mehrerer, auch externer Fachleute.

Vorgehensweise:
1. Festlegung der Kriterien;
2. Bestimmen der Gewichtungen;
3. Analyse der Alternativen für jedes Kriterium;
4. Multiplikation der Nutzenwerte mit der Gewichtung;
5. Summenbildungen für die Alternativen

Vereinfachtes Beispiel für zwei Alternativen bei einer Nutzen-Skala N von 1-5 und Gewichtungsstufen X von 1-3 :

	Variante A			Variante B		
Krit.	N	X	Sum	N	X	Sum
Parken	4	3	12	2	3	6
Steuern	2	1	2	5	1	5
Preis	2	2	4	4	2	8
Infra	5	3	15	3	3	9
Summe	(13)		33	(14)		28

Ohne Gewichtung wäre Variante B knapp vorne, nach Gewichtung ist Variante A eindeutig vorzuziehen.

Veränderung der Standorte

2013 Herbst Aufg.7

Mögliche **Ursachen** für Veränderungen:

- Strukturwandel durch Ab- oder Zuzug von Unternehmen;
- Verschiebungen der Bevölkerungsstruktur (z.B. Altersstruktur);
- Verlegung von Verkehrswegen, bauliche Maßnahmen an der Verkehrs-Infrastruktur;
- Ab- / Zu-gang von Wettbewerbern.

Kontrollfragen

Welche Marketinginstrumente stehen Handelsbetrieben zur Verfügung?

Was gehört zur Umsetzung einer „Corporate Identity“?

Nennen Sie drei Gründe für die strategische Bedeutung der Standortwahl.

Welche Marketing-Maßnahmen können zur Erhöhung der Attraktivität eines Standorts ergriffen werden?

Antworten

Welche Marketinginstrumente stehen Handelsbetrieben zur Verfügung?

- Preispolitik
- Sortimentspolitik
- Kommunikationspolitik
- Servicepolitik
- Standortpolitik.

Was gehört zur Umsetzung einer „Corporate Identity"?

Corporate Design (Erscheinungsbild)
Corporate Behaviour (Verhalten)
Corporate Governance (Führungsgrundsätze)
Corporate Communication (Kommunikation)

Nennen Sie drei Gründe für die strategische Bedeutung der Standortwahl

- Hohe Kapitalbindung nicht ohne weiteres korrigierbar;
- Entfernung bzw. Nähe zu Kunden vor allem im Einzelhandel von oft entscheidender Bedeutung;
- Chance auf qualifiziertes Personal vom Umfeld des Standorts abhängig;
- Attraktivität des Standorts kann auch durch externe Faktoren (Nachbarschaft) stark verändert werden.

Welche Marketing-Maßnahmen können zur Erhöhung der Attraktivität eines Standorts ergriffen werden?

- Optimierung von Branchenmix;
- Pflege von Image und Optik;
- Verbesserung von Erreichbarkeit;
- Verbindung mit Gastronomie;
- Schaffung von Freizeitmöglichkeiten;
- Durchführen von Events.

3.5 Markt- und Preismechanismen

Die Angaben von Klausurfragen nach alter PO beziehen sich in diesem Kap. auf die Klausuren in VWL

Markt = „Ort" des Zusammentreffens von Angebot und Nachfrage; dabei muss dieser „Ort" nicht wirklich räumlich existieren, sondern kann auch beispielsweise virtuell sein.

Unterteilung nach

- räumlicher Abgrenzung (regionaler M.; Welt-M.);
- Marktzugang („offen" für jeden; „geschlossen" bei Zutrittsbeschränkungen);
- Gütern (Konsumgüter-M.; Investitionsgüter-M.);
- „Qualität": (vollkommen – unvollkommen);
- „Quantität" (nach Anzahl der Marktteilnehmer).

„vollkommener Markt"

2012 Früh Aufg.3a |2013 Früh Aufg.4a | 2014 Herbst Aufg.2b-d

Der Begriff bedeutet keine Wertung, sondern dass die folgenden Bedingungen „vollkommen" erfüllt sind. Zweck der Definition ist, den Zusammenhang zwischen Preisen und Mengen unter Ausschaltung aller anderen Faktoren der Preisbildung zu untersuchen. – Diese Bedingungen sind:

keine Präferenzen = keine persönlichen, zeitlichen oder räumlichen Vorlieben für einen bestimmten Marktteilnehmer;

Homogenität der Güter = Gleichartigkeit, Gleichbeschaffenheit aller Güter auf dem betrachteten Markt;

Transparenz = alle Marktteilnehmer verfügen über alle diesen Markt betreffenden Informationen.

keine Zeitverzögerung = der Faktor Zeit existiert in dem Modell nicht, es gibt damit z.B. keinen Zeitbedarf, um nachgefragte Mengen erst beizuschaffen oder herzustellen.

Wettbewerb = freier Marktzutritt, keine staatlichen Eingriffe, „viele“ Marktteilnehmer (Polypol – siehe unten).
Hinweis: Wenn eine bestimmte Zahl von Merkmalen des vollkommenen Marktes genannt werden soll, kann der Punkt "Keine Präferenzen“ auf die genannten drei Unterpunkte aufgeteilt werden.

Anbieter- und Nachfragerverhalten

Darstellung der Verhaltensweisen bzw. der Preisbildung in einem Koordinatensystem, bei dem die Abszisse (=horizontale Linie) die Menge, die Ordinate (=senkrechte Linie) den Preis bezeichnet.
Hinweis: Nie vergessen, die Linien mit M bzw. P zu beschriften!

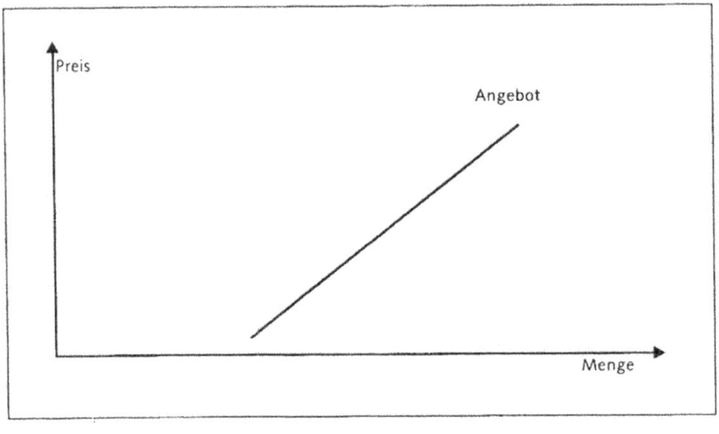

Angebotsverhalten: je höher der erzielbare Preis, desto größer die angebotene Menge. - Grund: Anbieter erhöhen die Produktion dort, wo ein höherer Deckungsbeitrag zu erzielen ist; zusätzliche Anbieter werden auf diesen Markt gelockt.
Produzentenrente *(2014 Herbst Aufg.1b)*: Differenz zwischen dem durch den Preismechanismus des Marktes zu Stande gekommenen Gleichgewichtspreis und dem Preis, zu dem ein Produzent bereit gewesen wäre, das Produkt anzubieten.

Einflussfaktoren auf Angebot:
Stand der Technik
Produktionskosten
Kapazitätsgrenzen
Zahl der Anbieter

Nachfrageverhalten *(2016 Früh Aufg.2a)*
Je niedriger der zu zahlende Preis, desto größer die nachgefragte Menge. Hintergrund: Nachfrager können sich mehr davon leisten und/oder ziehen das Gut einem anderen substitutiven Gut *(s. Kap. 0.)* vor. - **Konsumentenrente**: (*2014 Herbst Aufg.1b)* Differenz zwischen dem durch den Preismechanismus des Marktes zu Stande gekommenen tatsächlichen Gleichgewichtspreis und dem Preis, den ein bestimmter Konsument für das entsprechende Gut zu zahlen bereit gewesen wäre.

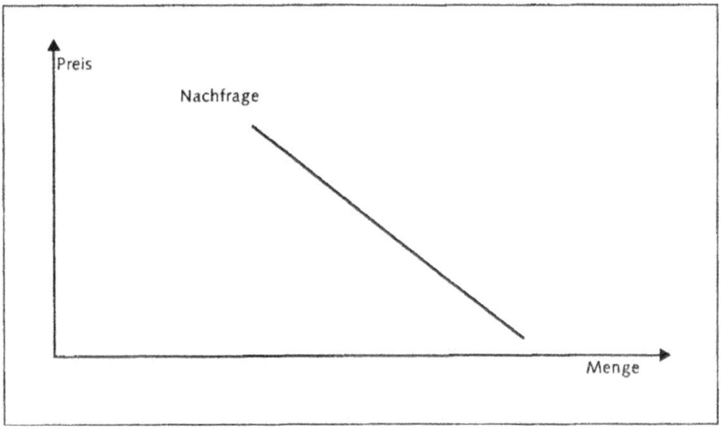

Einflussfaktoren auf Nachfrage:
Preis anderer Güter (komplementär; substitutiv)
Bedürfnisstruktur
Einkommen (abhängig von Konsumneigung und Einkommenselastizität).

Prozesse und Funktionen der Preisbildung

2014 Herbst Aufg.1a+c

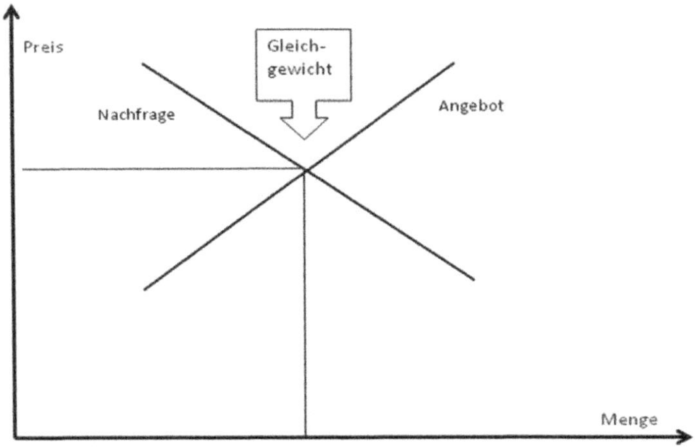

Preisbildung

Sowohl Anbieter als auch Nachfrager können ihre Preisvorstellungen nur realisieren, wenn diese übereinstimmen. Beide müssen folglich ihre Pläne so weit anpassen, bis das Marktgleichgewicht erreicht ist.

Verschiebungen der Angebots-/Nachfrage-Kurve
(s. auch oben die Einflussfaktoren) - *2013 Früh Aufg.4c*

Verschiebung der Angebotskurve, z.B. durch Änderung der Produktionskosten: bei niedrigeren Produktionskosten können zum gleichen Preis größere Mengen hergestellt werden = Verschiebung nach rechts = neues Gleichgewicht bei niedrigerem Preis und größerer Menge. Bei höheren Produktionskosten können zum gleichen Preis nur geringere Mengen hergestellt werden bzw. muss bei gleicher Menge ein höherer Preis erzielt werden = Verschiebung nach links = neues Gleichgewicht bei höherem Preis und geringerer Menge.

Verschiebung der Nachfragekurve *(2016 Früh Aufg.2a)*
z.B. durch Erhöhung der Einkommen: es können zum gleichen Preis größere Mengen gekauft werden = Verschiebung nach rechts = neues Gleichgewicht bei höherem Preis und größerer Menge.

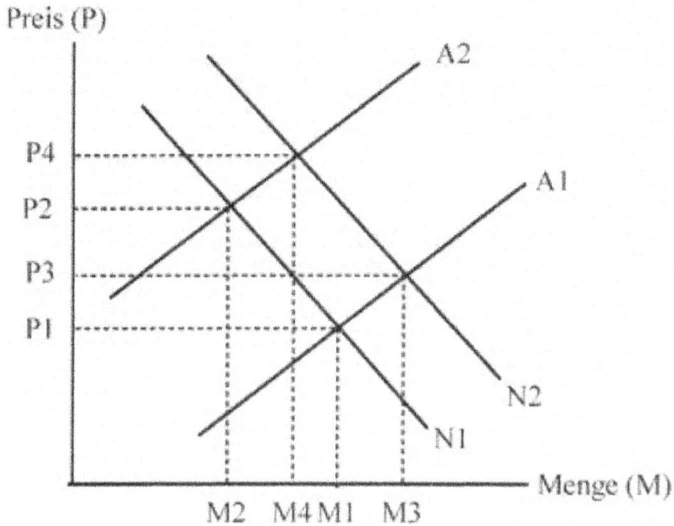

Nachfragekurve

2012 Früh Aufg.3c
Ursachen für eine **Verschiebung nach rechts**:
- steigende Preise substitutiver Güter
- sinkende Preise komplementärer Güter
- höheres Einkommen

Ursachen für eine **Verschiebung nach links**:
- sinkende Preise substitutiver Güter
- steigende Preise komplementärer Güter
- niedrigeres Einkommen

Angebotskurve

Ursachen für eine **Verschiebung nach rechts**:
sinkende Kosten; höhere Produktivität.
Ursachen für eine **Verschiebung nach links**:
steigende Kosten; gesunkene Produktivität

Funktionen des Preismechanismus - *2015 Herbst Aufg.5*

Ausgleichsfunktion zwischen Angebot und Nachfrage
Signalfunktion für die Marktteilnehmer durch Information
Lenkungsfunktion (Allokationsfunktion) durch Anziehung des Kapitals
Selektionsfunktion durch Ausschalten nicht wettbewerbsfähiger Anbieter.
Lenkungsfunktion (Allokationsfunktion) durch Verlagerung der Produktionsfaktoren auf attraktive Märkte.

Marktwirtschaft

Wirtschaftsordnung, bei der die Gesamtkoordination der Pläne der autonomen Wirtschaftssubjekte über den Markt bzw. die Funktionen des Preismechanismus zu Stande kommt.
Freie Marktwirtschaft: kein Einfluss des Staates auf Marktgeschehen, lediglich Sicherung der allgemeinen Rahmenbedingungen für das freie Funktionieren der Märkte.
Soziale Marktwirtschaft: aktive Wirtschaftspolitik des Staates; Eingreifen des Staates zur Umverteilung der Primäreinkommen mit dem Ziel geringerer sozialer Ungleichheit.

Staatliche Eingriffe in Preisbildungsprozesse

Mindest- / Höchstpreis

2013 Früh Aufg.1 | 2014 Früh Aufg.4+5 | 2015 Früh Aufg.4

Staatliche **Festsetzung eines Mindestpreises**: Schutz von Anbietern aus sozialen, politischen oder ökologischen Gründen. Effekt: Erhöhung der Angebotsmenge bei gleichzeitigem Rückgang der Nachfragemenge; daraus folgt ein Angebots-

überhang, der vom Staat zum garantierten Mindestpreis abgekauft werden muss. Alternative: gleichzeitige mengenmäßige Begrenzung der Produktion (Beispiele aus dem Agrarbereich). – Gilt ähnlich auch für Mindestlohn als gesetzlich vorgeschriebener Mindestpreis für Arbeit.
Mengenbegrenzung *(2016 Herbst Aufg.2a):* Zur Vermeidung des Effekts der Mengenzunahme bei Mindestpreis staatlich verordnete Festlegung einer maximalen Produktionsmenge.
Staatliche **Festsetzung eines Höchstpreises**: zum Nutzen der Nachfrager. Effekt: Erhöhung der Nachfragemenge bei gleichzeitigem Rückgang der Angebotsmenge; daraus folgt ein Angebotsdefizit. Folge: schwarzer Markt oder Subventionierung der Anbieter durch den Staat.

Angebots- und Nachfrageelastizitäten

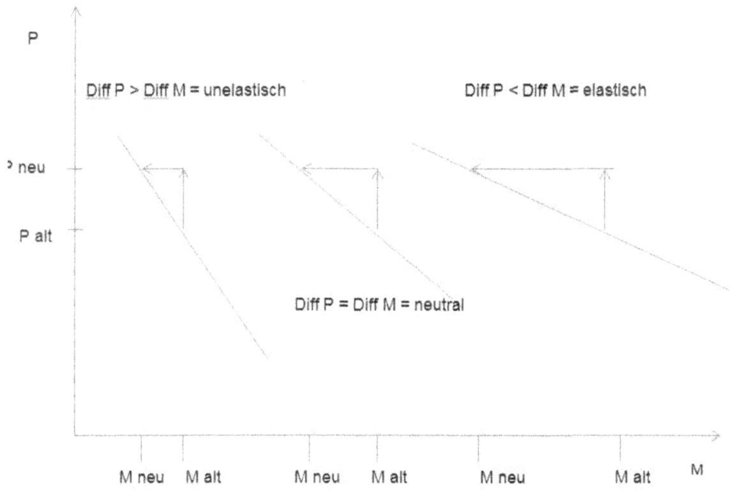

Preiselastizität:
2012 Früh Aufg.3b | 2012 Herbst Aufg.6 | 2016 Früh Aufg.2c | 2017 Herbst Aufg.3
Maß für die Mengenveränderung in Folge einer Preisänderung. In vereinfachter Berechnung = Mengenänderung in % / Preisänderung in %.
Mengenänderung stärker als Preisänderung = **elastische** Reaktion; umgekehrt = **unelastisch**. Keine Mengenänderung = völlig unelastisch**, starr.**
Beispiele: Preiserhöhung einer Uhr von 98 € auf 102,90 € = Preisänderung um 5%; Abnahme der Verkäufe um 15% => Elastizität = 3, also elastische Reaktion. Preiserhöhung von Milch um 10%, Zurückgang der Absatzmenge um 2 % => Elastizität = 0,2, also unelastische Reaktion. Preissenkung für Salz um 2%, unveränderte Nachfrage => Elastizität = 0.

Kreuzpreis-Elastizität *(2013 Früh Aufg.4d)*:
Änderung der Menge in Folge der Preisänderung eines anderen Gutes; Veränderung beider Güter bei komplementären Gütern in gleicher, bei substitutiven Gütern in gegensätzlicher Richtung.
Beispiele: Sinkende Nachfrage nach Türkei-Urlaub wegen sinkender Preise für Urlaub in Griechenland (substitutive Güter); steigende Nachfrage für Speicherkarten in Folge sinkender Preise für Digitalkameras (komplementäre Güter).

Wettbewerb

2015 Früh Aufg.3d | 2015 Herbst Aufg.5
Funktionen des Wettbewerbs
- Freiheit der Auswahl
- Kontrolle des Marktverhaltens
- Steuerung des Einsatzes der Produktionsfaktoren
- Anreiz zu (Kostensenkungen durch) Innovationen
- Anpassung an Marktdaten

- Auslese nach Leistungsfähigkeit
- Verteilung der Einkommen nach Leistung

Weil eine Marktwirtschaft letztlich nur funktioniert, wenn „der Markt" funktioniert = Wettbewerb besteht, gehört zu den zentralen Aufgaben staatlicher Ordnungspolitik die **Wettbewerbspolitik**:
- das Verbot von Wettbewerbsbeschränkungen,
- Kartellverbot,
- Preisbindungsverbot
- die Förderung von Kooperationen,
- die Kontrolle von Konzentrationen und
- die Missbrauchsaufsicht bei marktbeherrschender Stellung.

Durchführung im Wesentlichen durch das Bundeskartellamt.

Kartelle *(2013 Herbst Aufg.4 | 2015 Früh Aufg.3b+c)*
Anmeldepflichtige: Konditionen-K. (Beispiel: einheitliche AGB in einer Branche) – Normen-K. (Beispiel: einheitliche technische Größen); Einkaufskooperationen (z.B. einer Dachdecker-Innung).
Genehmigungspflichtige: Strukturkrisen-, Rationalisierungs-K.
Verbotene: Preis-Kartell; Quoten-Kartell

Bundeskartellamt
2012 Früh Aufg.2 | 2015 Früh Aufg.3a | 2016 Früh Aufg.1b
Zuständige Institution nach Kartellgesetz (GWB; Gesetz gegen Wettbewerbsbeschränkungen).
Aufgaben:
Prüfung von Unternehmenszusammenschlüssen (**Fusionskontrolle**), um das Entstehen marktbeherrschender Konzentrationen zu verhindern;
Überwachung der Märkte zur Verhinderung wettbewerbseinschränkender Absprachen (Preiskartelle);
Überwachung großer Unternehmen mit starker Marktstellung

zur Erhaltung des Wettbewerbs (**Missbrauchsaufsicht**).
Befürchtete **Folgen** von marktbeherrschender Stellung:
- für Verbraucher höhere Preise, geringere Auswahl;
- für Konkurrenten Verdrängungswettbewerb;
- für Lieferanten größere Abhängigkeit, verschärfter Preisdruck.

Handlungsmöglichkeiten:
Genehmigung bei Entstehen einer marktbeherrschenden Stellung verweigern oder nur mit Auflagen erteilen;
bei verbotenen Kartellen:
- Verhängen von Bußgeldern;
- Abschöpfung von Gewinnen;
- evtl. Schadenersatzansprüche der Geschädigten.

Wettbewerbssituationen und Marktformen

2018 Herbst Aufg.5a

Nach Anzahl der Teilnehmer auf Angebots- und/oder Nachfrageseite: Einer = **Monopol**; einige = **Oligopol**; viele = **Polypol.** – Auf beiden Seiten gleicher Typ: „beidseitiges Mono-/Oligo-/Poly-Pol".
Achtung: in seltenen Fällen wird die jeweilige Marktform auf der Nachfrageseite mit dem Bestandteil –pson statt-pol bezeichnet, also z.B. Oligopson für Nachfrage-Oligopol.
Abgrenzung Oligopol / Polypol: keine Einflussmöglichkeit einzelner Marktteilnehmer auf das Marktgeschehen = Polypol.

Wettbewerbssituation des Handels

2016 Herbst Aufg.1

Verlagerung der Kundenumsätze zum online-Handel
Kostendruck durch hohe Mieten für gute Standorte
Kostenvorteile für große (Filial-) Unternehmen
Zunehmende Marktmacht durch Angebotsoligopole.
- s. Handelsmarketing, Kap. 1.3 Handelsrelevante Trends

Polypole

2016 Herbst Aufg.2b

So viele Marktteilnehmer, dass kein einzelner das Marktgeschehen beeinflussen kann. Damit keine Möglichkeit einer aktiven Preispolitik für einen einzelnen Anbieter.

Oligopole

2012 Herbst Aufg.3 | 2014 Früh Aufg.3 | 2014 Herbst Aufg.2a | 2015 Herbst Aufg.3 | 2016 Früh Aufg.1 | 2017 Früh Aufg.5

So wenige Marktteilnehmer, dass für jeden einzelnen die Verhaltensweisen jedes anderen von Bedeutung sind.

Mögliche **Verhaltensweisen**:

- Verdrängungswettbewerb (bei Dumping-Preisen illegal);
- Koexistenz;
- Kooperation, je nach Inhalt der Vereinbarungen evtl. illegal .

Monopole

2018 Früh Aufg.3

Nur ein Marktteilnehmer. Beim Monopol auf Angebotsseite hat der Monopolist die Möglichkeit, sich die Preis-Mengen-Kombination auf der Nachfragefunktion auszusuchen, bei der das Gewinnmaximum erreicht wird (sog. Cournot´scher Punkt – nicht klausur-relevant).

3.6 Preispolitik

2016 Herbst Aufg.2b | 2017 Herbst Aufg.3
Als Kontrahierungspolitik alle Entscheidungen mit Einfluss auf das Entgelt für das verkaufte Produkt

Komponenten:
- generelle Preishöhe, konkrete Verkaufspreise;
- Preisdifferenzierungen;
- Konditionen: Mengenrabatt, Frühbestellerrabatt, Skonto, Bonus, Zahlungsfristen, Finanzierungskredite.

Preisnachlass
Direkter Preisnachlass = Verringerung des bisher verlangten Verkaufspreises;
Indirekter Preisnachlass = Zugaben natural oder beim Service ohne Mehrberechnung.

Preisentscheidungen - Anlässe:
- Aufnahme eines neuen Produkts in das Sortiment
- Eröffnung einer neuen Filiale
- Änderung des Preisniveaus nach Umbau
- Veränderungen der Preisstruktur durch Differenzierung
- durch den Markt bedingte Preisänderungen
-- aktiv im Rahmen einer gezielten Strategie,
-- re-aktiv in Folge veränderter Wettbewerbsbedingungen
- Preisänderungen in Folge von Änderungen der Kalkulationsgrundlagen (Kostenänderungen)

Preisgestaltung: kostenorientiert = Festsetzung des Verkaufspreises als Ergebnis einer Voll-oder Teilkosten-Kalkulation.

konkurrenzorientiert = Anpassung an Marktpreis (im Polypol), Ausrichtung am Markt-/Preis Führer (im Oligopol); aktives

konkurrenzorientiertes Preisverhalten im Oligopol als Teil einer Kampfstrategie (Preisunterbietung) oder Abgrenzungsstrategie (Preisüberbietung bei Hochpreisstrategie).
nachfrageorientiert = Festlegung des Preises nach den vermuteten oder erforschten Preisvorstellungen der Zielgruppe.
Mischkalkulation (Preisausgleich): Kompensation für Gewinnverzicht bzw. Verlust bei günstigeren Sortimentsteilen durch Umsatzsteigerung bei anderen, insbesondere bei Randsortiment zu günstig angebotenem Kernsortiment.

Preis-Strategien

Niedrigpreis-Strategie (Preis-Mengen-Strategie) = Niedrigpreise als Kaufargument;
Einsatz zur Förderung des Abverkaufs eines bestimmten Produkts = **Promotionspreise;**
Einsatz zur schnelleren und/oder stärkeren Marktdurchdringung = **Penetrationspreise.**
Probleme: Preiskorrektur nach oben schwer durchsetzbar; Preiskampf mit Wettbewerbern.

Hochpreis-(Premiumpreis-)Strategie. Z.B. beim Streben nach Qualitätsführerschaft und/oder als Pionier bei Markteintritt oder Teil einer Markenpolitik; bei hochwertigen Waren, Luxusgütern.
Skimming-(Abschöpfungs-)Strategie: Hochpreisiger Einstieg bei Markteinführung für die Pionier-Käufer bei späterer Preisanpassung (Reduktion) zur Erschließung weiter Käuferschichten bzw. Abwehr von Nachahmern.

Preisdifferenzierung

Unterschiedliche Preise für gleiches Produkt /Leistung.
Ziel: Annäherung an unterschiedliche Zahlungsbereitschaft / Zahlungsfähigkeit verschiedener Zielgruppen; Abschöpfung der „Konsumentenrente“ (=Differenz zwischen individueller

Zahlungsbereitschaft auf Grund der Nutzeneinschätzung und dem tatsächlichen Kaufpreis). - Voraussetzungen:
- unvollkommener Markt (mangelnde Transparenz);
- durch unterschiedliches Nachfragerverhalten abgrenzbare Teilmärkte;
- keine Möglichkeit für Nachfrager, zwischen den Teilmärkten zu wechseln;
- Nachvollziehbarkeit / Begründbarkeit der Differenzierung.

Formen der Preisdifferenzierung:
- zeitlich (nach Saison
- räumlich (nach Standort bzw. Einzugsgebiet wegen Unterschieden in Nachfrage und Kaufkraft)
- personell (nach Zugehörigkeit zu einer bestimmten Personengruppe, häufig als Nachlass z.B. für Schüler, Rentner usw.)
- mengenmäßig (sinkender Stückpreis bei größerer Abnahme)
- anlassbezogen (in einer besonderen, zeitlich abgrenzbaren Situation wie Neueröffnung, verkaufsoffener Sonntag).

Yield-Management

Verkauf von (mehreren) Teilmengen (z.B. bestimmte Anzahl von Plätzen einer konkreten Zugverbindung) zu unterschiedlichen Preisen. Die Steuerung des Volumens der Kontingente wird meist gekoppelt an die Entwicklung der Nachfrage.

3.7 Zielgruppenansprache

Zur Abgrenzung der Zielgruppen s. Kap.2.5

Zu unterscheiden ist zwischen indirekter und direkter Zielgruppenansprache.

Indirekt
Mediawerbung, also Einsatz von Werbeträgern als Medium zur Übertragung von Werbebotschaften, mit dessen Hilfe Werbemittel an die Werbeempfänger herangeführt werden können. – *s. Kap. 7 Werbekonzepte*

2015 Früh Aufg.1 | 2016 Herbst Aufg.2c
Werbung - Grundregeln
Wirksamkeit = Einsatz von Werbebotschaft und Werbemittel so, dass sie dem angestrebten Werbeziel dienen.
Wirtschaftlichkeit = angemessenes Verhältnis zwischen Kosten und Erfolg.
Wahrheit = sachliche Richtigkeit der Werbeaussagen.
Klarheit = Verständlichkeit der Werbeaussage.

Ziele - Nach dem Verhältnis zu Sortiment / Kunden
Einführungswerbung: Bekanntmachen von Neuerungen, insbesondere neuen Produkten bzw. Sortimentsbestandteilen, neuen Serviceangeboten; Gewinnen von Neukunden, meist kostenintensiv.
Erhaltungswerbung: Stützen des Erinnerungseffekts zuvor erfolgter Werbemaßnahmen; Sicherung von Bekanntheitsgrad, Marktposition.
Expansionswerbung: Werbemaßnahmen zur Gewinnung zusätzlicher Kunden und/oder der Intensivierung des Abverkaufs an Bestandskunden.

Nach dem Verhältnis zum Kauf **ökonomische** Ziele: Umsatzsteigerung, Verbesserung der Rendite, Liquidität Steigerung.

Nicht-ökonomische Ziele: Imageverbesserung, Steigerung des Bekanntheitsgrades.

Direkt

Unmittelbare Kundenansprache, z.B.:
- Hausmessen;
- Tage der offenen Tür, Produktvorführungen;
- Aktionen außerhalb des eigenen Unternehmens mit hoher Publikumsfrequenz (Eventmarketing).

Dazu gehören aber auch alle Maßnahmen zum unmittelbaren Kundenkontakt über Internet; *s. Kap.9 e-commerce*

Event-Marketing

2018 Herbst Aufg.1 | 2019 Früh Aufg.3 – s.auch Kap.8.4
Durchführung von Veranstaltungen für und mit Kunden, die an spezifische Interessen definierter Kundengruppen anknüpfen. Dabei werden die Kunden üblicherweise direkt persönlich eingeladen. Erreicht werden kann damit v.a. eine engere emotionale Kundenbindung.

Kontrollfragen

Definieren Sie den Begriff „Markt".

Wie nennt man Güter, die sich gegenseitig ersetzen können?

Was bedeutet „Transparenz" auf dem Markt?

Kennen Sie ein anderes Wort für „Lenkungsfunktion" des Marktes?

Bei steigenden Einkommen verschiebt sich die Nachfragekurve nach ...?

Wenn eine Preisänderung zu keinerlei Mengenänderung führt, nennt man diese Reaktion ...?

Was versteht man bei einer Hochpreisstrategie unter Skimming?

Nennen Sie drei Formen der Preisdifferenzierung.

Antworten

Definieren Sie den Begriff „Markt".
Das Zusammentreffen von Angebot und Nachfrage.

Wie nennt man Güter, die sich gegenseitig ersetzen können?
substitutiv

Was bedeutet „Transparenz" auf dem Markt?
Alle Angebote und besonders die Preise sind allen bekannt.

Kennen Sie ein anderes Wort für „Lenkungsfunktion" des Marktes?
Allokationsfunktion

Bei steigenden Einkommen verschiebt sich die Nachfragekurve nach rechts

Wenn eine Preisänderung zu keinerlei Mengenänderung führt, nennt man diese Reaktion unelastisch oder starr

Was versteht man bei einer Hochpreisstrategie unter Skimming?
Hochpreisiger Einstieg bei Markteinführung für die Pionier-Käufer bei späterer Preisanpassung zur Erschließung weiterer Käuferschichten.

Nennen Sie drei Formen der Preisdifferenzierung.
- zeitlich
- räumlich
- personell
- mengenmäßig
- anlassbezogen

Übungsaufgaben

Aufgabe 5

Die Wahl des Standorts ist von entscheidender Bedeutung für die Chance auf geschäftlichen Erfolg.

a) Nennen Sie vier Kriterien, die Sie bei einer Entscheidung über alternative Standorte auf jeden Fall berücksichtigen würden.

b) Beschreiben Sie Ihr Vorgehen, um zwischen verschiedenen in Frage kommenden Standorten zu einer möglichst präzisen und rationalen Entscheidung zu kommen.

Aufgabe 6

Die Preisbildung durch das Zusammentreffen von Angebot und Nachfrage wird in der volkswirtschaftlichen Theorie im Modell eines vollkommenen Marktes erklärt.

a) Erläutern Sie vier Bedingungen für das Vorliegen eines vollkommenen Marktes.

b) Nennen Sie einen existierenden Markt, der diesem Modell nahe kommt und begründen Sie ihre Nennung.

c) Stellen Sie die Preisbildung in einer vollständig beschrifteten Grafik dar für einen Markt mit
- einer elastischen Angebots- und
- einer unelastische Nachfragekurve.

d) Zeichnen Sie in diese Grafik ein, wie sich eine Einkommenserhöhung auf den Gleichgewichtspreis auswirkt.

Aufgabe 7

Sie betreiben in der Region das Fachgeschäft „Bull´s Eye“ für Dart und andere Geschicklichkeitsspiele. Vom Bundeskartellamt erhalten Sie ein Schreiben, dass ein größeres Spielwarengeschäft von einem national tätigen Filialunternehmen übernommen werden soll. Sie werden zur Stellungnahme aufgefordert.

a) Welche Marktform liegt hier vor.

b) Welche Auswirkungen kann diese Übernahme für Ihr Geschäft und für die Verbraucher in der Region haben.

Aufgabe 8

In einem Filialunternehmen des Großhandels sehen die Filialleiter wegen des Konkurrenzdrucks die Notwendigkeit, soweit möglich die Preise zu reduzieren. Die Geschäftsführung sieht dafür zwar durchaus einen gewissen Spielraum, möchte aber schon aus Rücksicht auf die Alt-Kunden nichts an den Listenpreisen ändern.

Nennen und erläutern Sie andere Möglichkeiten, auf diesem Feld dennoch etwas zu tun.

4. Sortimentsgestaltung

4.1 Struktur des Sortiments

2013 Früh Aufg.4 / 2016 Früh Aufg.5a / 2016 Herbst Aufg.2b
Sortimentspolitik ist die handelsspezifische Form des Marketing Instruments der Produktpolitik.

Sortiment = Gesamtheit der (normalerweise fremdbezogenen) Artikel, die den Kunden angeboten werden, im weiteren Sinne inklusive der zugehörigen Dienstleistungen und Serviceangebote.
Ziele (zu berücksichtigen bei Sortimentsänderungen – *2015 Früh Aufg.3b*): Befriedigung der Erwartungen der Kunden; hohe Umschlagshäufigkeit der Produkte; kompetentes Erscheinungsbild; Unverwechselbarkeit.
Aufgaben: Festlegung von **Sortimentsbreite** (= Anzahl verschiedener Warengruppen) und **Sortimentstiefe** (= Angebotsanzahl innerhalb einzelner Warengruppen)

Übersortiment *2014 Herbst Aufg.4b*
Zu großes (breites und/oder tiefes) Sortiment. Folgen u.a.:
- hohe Kapitalbindung;
- niedrige Umschlagsgeschwindigkeit;
- unübersichtliches Angebot;
- Überalterung des Sortiments.

Sortimentsarten: Unterscheidung nach
- Bedeutung für Umsatz und/oder Image in **Kernsortiment** (Hauptumsatzträger; Imageträger) und **Randsortiment** (Sortimentsergänzung);

- Verkaufsform in Bedienungsware und Selbstbedienungsware
- Verwendung nach Verbrauch oder Gebrauch.

Erweiterung (Diversifikation) - *2016 Herbst Aufg.5*
Ziel: stärkere Kundenbindung; Erhöhung des durchschnittlichen Kundenumsatzes. – Formen:

horizontal (= um Produkte auf gleicher Wertschöpfungsstufe; z.B. im Sportgeschäft zu Fahrrädern auch Snowboards);
vertikal (=um vor- oder nachgelagerte Produkte; z.B. im Sägewerk zu furnierten Brettern auch unbehandelte Hölzer und Sägemeh);
lateral (=um völlig andere Produkte).

4.2 Sortimentspolitik

2014 Herbst Aufg.4 - 2019 Früh Aufg.4

Kennziffern und Kriterien:

Kosten

Mit Sortimentsbreite und Sortimentstiefe wachsend: Kapitalbindung, Verkaufsfläche, Lagerkosten, Personalaufwand. Damit steigende Anforderungen an **Kapitalausstattung.**

Ertrag

Handelsspanne, Deckungsbeitrag der Produkte

Produktlebenszyklus

„Alter" der Produkte, Wachstumspotential

Kundenstruktur

Kaufkraft am Standort, produktspezifische Erwartungen an Aktualität (Mode), Wertevorstellungen der Zielgruppe.

Konkurrenz

Orientierung an deren Sortiment, sowohl negativ abgrenzend als auch positiv nachahmend möglich

Produktmerkmale

Innovationsrhythmus der Produktgruppe (technische Veränderungen), hohe Variabilität der Produkteigenschaften (z.B. Schrauben).

Markengeltung

Bekanntheitsgrad des Produkts; Kundenerwartung.

Sortimentsstruktur: Anteil einzelner Sortimentsgruppen am Gesamtsortiment in Einkaufspreisen.

Umsatzstruktur

Anteil einzelner Sortimentsgruppen am Gesamtumsatz in Verkaufspreisen.

Abschriftenquote

2014 Herbst Aufg.4c

Prozentualer Wertanteil abgeschriebener Waren am gesamten Wareneinsatz, jeweils zu Einkaufspreisen. – Dabei zählen zu Abschriften nicht nur reduzierte Verkaufspreise *(Fehler in den Lösungshinweisen!)*, sondern generell wegen Unverkäuflichkeit entsorgte Waren.

Straffung

Ziel: Kostenersparnis bei Verkaufsfläche, Personal; Erhöhung der Umschlagshäufigkeit; Betonung der Kompetenz im Kernsortiment.

Eliminierung

Ziel: effektivere Nutzung der Verkaufsfläche durch Bereinigung des Sortiments; Streichen unrentabler Warengruppen.

Modifikation

Variation: Veränderung (Verbesserung) eines eingeführten Produkts / Sortimentsteils in einzelnen Details; umfangreiche Überarbeitung eines Produkts = **Relaunch; Facelift.**

Differenzierung: Erweiterung eines eingeführten Produkts durch zusätzliche technisch und/oder optisch abgewandelte Versionen.

Niveauänderung („trading up“)

2013 Früh Aufg.1

Anhebung des durchschnittlichen Standards des Gesamt-Sortiments durch Veränderung des Anteils eines „Spitzensortiments“ bzw. des Sortimentanteils von Markenartikeln und/oder Elimination der untersten Sortimentsanteile.

4.3 Markenpolitik

2016 Früh Aufg.5b | 2018 Früh Aufg.4a+b | 2020 Früh Aufg.4
Abgrenzung von Wettbewerbern durch Aufnahme bekannter Marken und/oder bildungseigener Handelsmarken.
Definition: „Als Marke können alle Zeichen, insbesondere Wörter einschließlich Personennamen, Abbildungen, Buchstaben, Zahlen, Hörzeichen, dreidimensionale Gestaltungen einschließlich der Form einer Ware oder ihrer Verpackung sowie sonstige Aufmachungen einschließlich Farben und Farbzusammenstellungen geschützt werden, die geeignet sind, Waren und Dienstleistungen eines Unternehmens von denjenigen anderer Unternehmen zu unterscheiden." (§ 3 Abs.1 Markengesetz)
Markenartikel erfordern gleichbleibende Aufmachung in garantierter Qualität mit Herkunftsnachweis, Ubiquität („überall erhältlich"), Verkehrsgeltung (= große Bekanntheit und Anerkennung am Markt.

Markenname – Anforderungen:
- hoher Bekanntheitsgrad;
- Schutzfähigkeit (z,.B. sind allgemeine Begriffe nicht schutzfähig);
- Unterscheidbarkeit (keine Verwechslungsgefahr mit Wettbewerbsprodukten);
- positive Konnotation (Assoziationen).

Markenpolitik/Markenführung:
- Sicherung von Qualitätsanmutung, inkl. entsprechendem Preisniveau;
- kontinuierlicher starker Werbeeinsatz zur Bildung und Wahrung von Präferenzen in der Zielgruppe;
- Nutzung der positiven Ausstrahlung der Marke zur Etablierung weiterer Produkte/Marken.

Markenstrategien

Einzel-Marke: eine Marke pro Segment (Teilmarkt);
Mehr-Marke: mehrere verschiedene Marken pro Segment.
Familienmarke: mehrere verwandte Produkte unter gleichem Markenauftritt.
Dachmarke: eine Marke mit unterschiedlichen Produkten in verschiedenen Segmenten.

Hersteller-Marke: vom Hersteller selbst gegenüber den Endkunden präsentiert.

Handels-Marke *(2014 Früh Aufg.5)*:
Hersteller bleibt im Hintergrund; Markenführung durch den Handel mit eigener Verpackung und Namensgebung.
Ziele: Kundenbindung; wechselseitiger Image-Transfer Unternehmen-Marke; Alleinstellungsmerkmal.
Voraussetzung: Zuverlässige Lieferanten mit gleich bleibender Qualität; konsequente und intensive Bewerbung.

4.4 Produktlebenszyklus

Unterteilung der „Lebensgeschichte" eines Produkts in aufeinander folgende Phasen, die nach verschiedenen **Kriterien** voneinander abgegrenzt werden. Als Kriterium verwendet werden u.a. Umsatz, Rate des Umsatzwachstums, Marktanteil, Marktwachstum, Deckungsbeitrag oder Gewinn.

Phasen sind in den meisten Modellen:
- Einführung (Verlust; hohes Umsatzwachstum)
- Wachstum (Erreichen der Gewinnzone; gleichbleibendes Umsatzwachstum)
- Reife (sinkende Gewinnrate; Abschwächung des Umsatzwachstums durch Annäherung an die Sättigungsgrenze)
- Sättigung (weiter sinkende Gewinne; sinkender Umsatz)
- Degeneration (Gewinn gegen Null, evtl. Verlust; Entscheidung über Elimination)

Selten wird durch Aufnahme von Entwicklungsphase und Elimination auf ein **7-Phasen-Modell** erweitert.

Normstrategien für die verschiedenen Phasen unterscheiden sich zum Teil in Abhängigkeit von Wachstumsperspektiven und Strategien, können damit verbunden sein mit der Portfolioanalyse.
Einführung: Promotionspreise; hohe Kommunikationsdichte.
Wachstum: Expansionswerbung
Reife: flexiblere Preispolitik; Produktvariationen und Modernisierung
Sättigung: Erinnerungswerbung; Naturalrabatte
Degeneration: **Elimination** bei fehlendem Deckungsbeitrag; evtl. Fortführung aus anderen Gründen, z.B. Erwartungshaltung der Kunden, Image-Effekte – s.u. bei „poor dogs".

Übungsaufgabe

Aufgabe 9

Die Analyse Ihrer Kennziffern für das abgelaufene Geschäftsjahr führt Sie zu dem Schluss, dass Sie unter einem Übersortiment leiden. Sie nehmen sich deshalb eine Straffung vor und möchten das mit einem trading-up verbinden.

a) Erklären Sie die Begriffe „Übersortiment" und „Straffung"; berücksichtigen Sie dabei auch die Auswirkungen auf die betriebswirtschaftliche Situation.

b) Erläutern Sie, mit welchen Maßnahmen Sie ein trading-up erreichen können und welche wirtschaftlichen Verbesserungen Sie sich davon versprechen.

Kontrollfragen

Grenzen Sie die Begriffe „Sortimentsbreite“ und „Sortimentstiefe“ voneinander ab.

Was ist ein Übersortiments und was sind die Nachteile?

Wie ermittelt man die Abschriftenquote?

Welche drei Arten von Sortimentsveränderungen kann man unterscheiden?

Was bedeutet beim Sortiment ein „trading up“?

Welche Grundanforderungen werden an einen Markenartikel gestellt?

Was kennzeichnet eine Handels-Marke?

Antworten

Grenzen Sie die Begriffe „Sortimentsbreite“ und „Sortimentstiefe“ voneinander ab.
Sortimentsbreite ist die Anzahl verschiedener Warengruppen
Sortimentstiefe ist die Angebotsanzahl innerhalb einzelner Warengruppen

Was ist ein Übersortiments und was sind die Nachteile?
Zu großes (breites und/oder tiefes) Sortiment. Folgen u.a.:
- hohe Kapitalbindung;
- niedrige Umschlagsgeschwindigkeit;
- unübersichtliches Angebot;
- Überalterung des Sortiments.

Wie ermittelt man die Abschriftenquote?
Als prozentualen Wertanteil abgeschriebener Waren am gesamten Wareneinsatz, jeweils zu Einkaufspreisen

Welche drei Arten von Sortimentsveränderungen kann man unterscheiden?
Expansion = Ausweitung nach Sortimentsbreite und/oder Sortimentstiefe.
Variation = Änderungen in der Struktur des Sortiments.
Kontraktion = Straffung des Sortiments durch Reduktion der Sortimentstiefe und/oder Elimination von Warengruppen.

Was bedeutet beim Sortiment ein „trading up“?
Anhebung des durchschnittlichen Standards des Gesamt-Sortiments

Welche Grundanforderungen werden an einen Markenartikel gestellt?
- Gleich bleibende Aufmachung;
- garantierte Qualität mit Herkunftsnachweis;
- „Ubiquität" („überall erhältlich");
- Verkehrsgeltung (= große Bekanntheit und Anerkennung am Markt).

Was kennzeichnet eine Handels-Marke?
Der Hersteller bleibt im Hintergrund; die Markenführung erfolgt durch den Handel mit eigener Verpackung und Namensgebung.

5. Verkaufsförderung und Service

5.1 Verkaufsförderung

2014 Herbst Aufg.5b | 2016 Herbst Aufg.3

Analyse, Planung, Durchführung, Kontrolle von Maßnahmen zur unmittelbaren Unterstützung des Abverkaufs.

Einsatzfelder:
- direkte Verkaufsförderung am **PoS** (point of sale)
- Pushen neuer Produkte bzw. von Produkten nach relaunch
- Generierung von Testkunden / Testkäufern.

Maßnahmen - *2017 Früh Aufg.2*

Am Point of Sale:
- Probierstände;
- eye-catcher am Verkaufsregal;
- hinführende floor-graphics;
- Displays, Regalstopper.

In Kooperation mit Herstellern *(s. unten „dealer promotion")*
- Veranstaltungen für Kunden;
- Rabattgutscheine;
- Events mit Prominenten

Unterscheidung nach Zielgruppen

Staff promotion; Verkäuferpromotion = eigene Verkaufsmannschaft, eigener Außendienst. Ziel: höhere Qualität der Produktkenntnisse und/oder Verkaufstechniken; Motivationssteigerung.

Dealer promotion - trade promotion

2016 Herbst Aufg.3c | 2019 Herbst Aufg.4

Händlerpromotion = Absatzmittler bzw. deren Verkaufspersonal; zur Steigerung der Bestellungen durch die Absatzmittler („**sell in**"): Schulungen; Verkaufswettbewerbe und Prämien; erfolgsabhängige Rabatte; Werbekostenzuschüsse. Zur Steige-

rung des Abverkaufs beim Absatzmittler („**sell out**"): Lieferung von Werbe- und Dekorationsmitteln.
Consumer promotion; Verbraucherpromotion = Endverbraucher, Zielkunden; wie bei „sell out" – zusätzlich: Preisausschreiben, Kundenkarten, Werbegeschenke.

5.2 Serviceangebote

Zusätzliche Leistungen im Zusammenhang mit dem Kern-Sortiment.
Pre-Sales (vor dem Kauf) technisch: Beratung über Schnittstellen zu anderen IT-Bereichen des Unternehmens, Hardware-Ausstattung; kfm: Wirtschaftlichkeitsanalyse.
At-sales (beim Kauf) technisch: Installation, Vernetzung; kfm.: Anwenderschulung.
After-sales (nach dem Kauf) technisch: Datensicherung, Fernwartung; kfm.: best-practice-Veranstaltungen

Bedeutung der Servicepolitik
2012 Herbst Aufg.3c | 2013 Früh Aufg.2c+d | 2013 Herbst Aufg.3b
Unterscheidungsmöglichkeit vom Wettbewerb; verschärfter Wettbewerbsdruck; höhere Ansprüche der Kunden; Erklärungsbedürftigkeit technischer Produkte.

Serviceangebote - *siehe oben; zusätzlich: 2012 Herbst Aufg.3d | 2013 Herbst Aufg.3a | 2017 Herbst Aufg.1*
- Garantie über gesetzliche Frist (von 2 Jahren) hinaus;
- sofortige Reparatur / Austausch bei Defekten;
- Kundendienst; 24-Stunden-Hotline;
- Finanzierungsangebote
- online-Forum für Erfahrungsaustausch, Tipps;
- Verpackungs- und Transport-Service.

5.3 CRM

Customer-Relationship-Management (CRM)
Systematische umfassende Pflege der Beziehungen zu Kunden, gestützt auf Erfassung und Analyse aller kundenrelevanten Daten. In der Kommunikationspolitik v.a. Einsatz von Direct-Marketing (Direct-mailing; newsletter; Kundenkarten).
Voraussetzungen: Funktionierendes Informationsmanagement zur lückenlosen Erfassung der Daten aus allen Kundenkontakten, systematische Strukturierung und anwendungsbezogene Aufbereitung; entsprechend geschulte und motivierte Mitarbeiter für die Erfassung / Eingabe der Daten; kundenorientierte Organisation, die nicht nur Erfassung und Auswertung der Daten sicher stellt, sondern auch die erforderlichen Instrumente zur praktischen Anwendung (z.B. Kundenkarten; Sonderaktionen für Bestandskunden) zur Verfügung stellt.
Instrumente - *2013 Früh Aufg.5c*
Kundenkarten, Pay-Back-Systeme;
Direct-Mailing;
Telefon-Marketing;
Kundenveranstaltungen, Event-Marketing;
Betriebsbesichtigungen.

Kundenbindung – Maßnahmen - *2020 Früh Aufg.5*
Auf dieses vorrangige Marketing-Ziel sind alle Bereiche auszurichten. Dienlich können dabei z.B sein:
- Übernahme sozialer Verantwortung (s. Kap.1.1.5);
- Kundenveranstaltungen (s. Kap. 3.7);
- Anpassungen des Sortiments (s. Kap. 4.1);
- Einführung von Handelsmarken (s. Kap. 4.3);
- online-angebote (s. Kap. 9);
- preispolitische Maßnahmen (z.B. Rabatte);
- distributionspoltische Maßnahmen (z.B. Key-account).

5.4 Beschwerdemanagement

Systematische Behandlung von Beschwerden als eine spezielle Form des Kundenkontakts, die über die Kernaufgaben hinaus auch besondere positive Chancen bietet.

Kernaufgaben:
- Vermeiden von Unzufriedenheit des Kunden;
- Vermeiden bzw. Minimieren von Umsatzverlust durch entsprechende Ausgleichsangebote;
- Vorbeugung gegen Imageverlust.

Chancen:
- Informationsgewinn über Kundenbedürfnisse;
- Hinweise auf Verbesserungsmöglichkeiten;
- positive Kundenbeeinflussung durch persönlichen Kontakt;

Voraussetzungen:
- Gute Erreichbarkeit, optimale Prozessorganisation;
- Gut geschultes Personal mit hoher Empathie und Kommunikationskompetenz;
- Gutes Informationsmanagement.

Kontrollfragen

Was bedeutet „Staff promotion"?

Nennen Sie drei Maßnahmen der Consumer Promotion

Was bedeutet die Abkürzung CRM?

Nennen Sie drei Instrumente, die im CRM eingesetzt werden können.

Erklären Sie die Bedeutung des Beschwerdemanagements an zwei Beispielen.

Kontrollfragen – Antworten

Was bedeutet „Staff promotion"?
Verkaufsförderung durch Maßnahmen bei der eigenen Belegschaft (Schulungen; Prämien).

Nennen Sie drei Maßnahmen der Consumer Promotion
- Verteilung von Warenproben;
- Preisausschreiben;
- Kundenkarten;
- Werbegeschenke.

Was bedeutet die Abkürzung CRM?
Customer Relationship Management; Pflege der Kundenbeziehungen.

Nennen Sie drei Instrumente, die im CRM eingesetzt werden können.
Kundenkarten, Pay-Back-Systeme;
Direct-Mailing;
Telefon-Marketing;
Kundenveranstaltungen, Event-Marketing;
Betriebsbesichtigungen.

Erklären Sie die Bedeutung des Beschwerdemanagements an zwei Beispielen.
- Ein unzufriedener Kunde geht als Kunde verloren;
- aus den Beschwerden erfährt man die Ansatzpunkte für Vernesserungen;
- negative Erfahrungen werden oft weiter erzählt und schaden dem Image

6. Visual Merchandising

Anwendung der Rahmenbedingungen und Regeln der Corporate Identity auf den Bereich der Warenpräsentation. –
s. auch Kap.3.3

Ziele - *(2015 Herbst Aufg.7)*
Kaufentscheidungen fördernde ästhetische Gestaltung; Wecken zusätzlicher Kaufwünsche; Schaffung einer entspannten Atmosphäre; Erhöhung von Verweildauer und Blickkontakten mit Warenpräsentation.

Objekte: Verkaufsraum; Eingangsbereich; Schaufenster; Kundenleitsysteme

Gestaltungsprinzipien
Je nach angestrebter Atmosphäre z.B.:
- Tischpräsentation oder Wühltische;
- Herausstellung einzelner Waren durch räumlich getrennte isolierte Präsentation oder Stapelware.

Gestaltungselemente – allgemein
2012 Herbst Aufg.2b | 2015 Früh Aufg.4a
Farbwahl; Ausleuchtung; Video-Unterstützung; Hintergrundmusik; Ästhetik des Arrangements.
s. auch unten Kap. 6.2

Store Erosion
Verschleiß von Läden durch den Alterungsprozess, wobei weniger die technische Alterung im Sinne einer Beeinträchtigung des Verwendungszwecks eine Rolle spielt als die zunehmende Diskrepanz zum Geschmack und den Erwartungen der Kunden sowohl hinsichtlich der materiellen Ladenausstattung als auch der Ästhetik der Präsentation.

6.1 Verkaufsflächen

Faktoren

2014 Früh Aufg.3b

Orientierung an den Gestaltungsvorschriften nach Corporate Design;
Ausrichtung an der Orientierung der Zielgruppen;
Aufteilung in Waren- und Kundenflächen unter wirtschaftlichen Gesichtspunkten;
Vorgaben von Lieferanten, insbes. Herstellermarken hinsichtlich der Warenplatzierung;
rechtliche Vorschriften, z.B. Sicherheitsbestimmungen über Fluchtwege;
Selbstverpflichtungen im Rahmen der Kommunikationspolitik, z.B. keine Süßwaren im Kassenbereich.

Zonen

Einteilung der Verkaufsregale nach der Höhe bzw. den Anforderungen an die Kunden, um Ware zu entnehmen in:

- Bückzone = unterste Ebenen (<60 cm);
- Greifzone = leicht erreichbare Ebene zwischen 60 und 140 cm für margenstarke Produkte;
- Sichtzone zwischen 140 und 180 cm in Augenhöhe zur Anregung von Impulskäufen;
- Streckzone (Reckzone) = oberste Ebenen (>180cm).

6.2 Warenpräsentation

Gestaltungsinstrumente

Regalgestaltung: optische Gestaltung der Warenpräsentation; Lichtdesign: unterschiedliche Ausleuchtung verschiedener Bereiche nach Helligkeit und Farbton des Lichts; Beschallung – Gestaltung der Akustik mit Musik, Produktinformationen, Aktionshinweisen; Gerüche – Einsatz von Düften, die mit dem jeweiligen Produktumfeld positiv harmonieren und stimulierend wirken.

6.3 Zusammenarbeit

Category-Management

2012 Herbst Aufg.2a

In Zusammenarbeit mit den Herstellern Steuerung bzw. Bündelung von Warengruppen unter dem Aspekt ihrer Zusammengehörigkeit aus Sicht der Käufer als komplementäre Güter. Warenpräsentation entsprechend in engem räumlichem Zusammenhang (z.B. Grillkohle und Grill).

Übungsaufgabe

Aufgabe 10

Als Geschäftsführer eines auf Smart-Home-Produkte und Installationen spezialisierten Fachgeschäfts sehen Sie keine Chance, preislich gegen online-shops konkurrieren zu können. Sie wollen deshalb systematisch alle Möglichkeiten der Kundenbindung durch exzellenten Service ausschöpfen.

a) Unterscheiden Sie drei Arten von Service-Leistungen.

b) Überlegen Sie sich zu jeder Art zwei konkrete Service-Angebote.

7. Werbekonzepte

7.1 Werbeplanung

2012 Früh Aufg.6a

Festlegung der Zielgruppen: potentielle Käufer, potentielle Nutzer, vorhandene Käufer/Nutzer, Multiplikatoren, Geschäftspartner, Anteilseigner, Mitarbeiter.

Zielgruppen –Abgrenzung

Nach soziodemographischen Merkmalen (Alter; Geschlecht; Einkommensniveau; berufliche Stellung; Bildungsabschluss); nach psychographischen Merkmalen (Lebensstil; Präferenzen; Markenbindung).

Planungsschritte

1. Definition und Abgrenzung der Zielgruppen (personell, soziodemographisch; gebietsmäßig, geographisch)
2. Festlegung der Werbeziele
3. Entscheidung über die Angebote (Werbeobjekte)
4. Verabschiedung des Budgets
5. Festlegung auf Werbebotschaft und Werbemittel (copy-Strategie)
6. Auswahl der Werbeträger (Mediengattung; intermedial)
7. Kampagnenplanung zeitlich und intramedial
8. Umsetzung
9. Controlling der Werbewirkung

Budgetierung

Percentage-of-sales = % vom Umsatz

Percentage-of-profit = % vom Gewinn

Competitive-parity = Orientierung am Wettbewerb

Objective-and-task = Ableitung aus Zielen und Aufgaben

Copy-Strategie *(2012 FrühAufg.6*b)
Festlegung auf Werbebotschaft und Werbemittel. –

Werbeplanung - Elemente

consumer-benefit: Beschreibung der wesentlichen Leistungen eines Produkts in Abgrenzung zu anderen Angeboten Mittel: Betonung der Produkteigenschaften, der Produktästhetik, der Funktionalität oder des Prestigeeffekts.
Reason-why: Bestärkung des Kunden in seiner Kaufentscheidung durch Nutzenversprechen und andere Informationen, die geeignet sind, die Kaufentscheidung als rational richtig wahrzunehmen.
Tonality: Grundton der Werbung, der über Stil und Atmosphäre der Gestaltung (Werbetext, Bildsprache, Schriftart, Farbkombinationen) vermittelt wird.

Mediawerbung

2014 Früh Aufg.6 | 2018 Früh Aufg.5a | 2020 Früh Aufg.2
Werbeträger = Medium zur Übertragung von Werbebotschaften, mit dessen Hilfe Werbemittel an die Werbeempfänger herangeführt werden können.
Werbemittel = die gestaltete (objektivierte) Form der Werbebotschaft. - Enger Zusammenhang zwischen beiden, da jede bestimmte Form einzelne Werbeträger ausschließt (Beispiel: Werbefilm erfordert als Werbeträger Fernsehen oder Kino-Werbung).

Werbeträger	**Werbemittel**
Zeitungen	Anzeigen , Beilagen
Zeitschriften	Anz., Beil.; Beikleber; Warenproben
Hörfunk	Audio-Spots
Fernsehen	TV-Spots; product placement; Verkaufs-Shows
Verkehrsmittel	Beschriftung; Bebilderung
Plakatwand, -säule	Plakate

Mediaplanung

2016 FrühAufg.4a | 2019 Herbst Aufg.2a

Intermediale Selektion = | der (für die Botschaft und die Zielgruppe) geeigneten Mediagattungen

Intramediale Selektion = Auswahl der optimalen Werbeträger innerhalb der gewählten Mediagattung.

Media-Mix: Kombinierter Einsatz verschiedener Werbeträger bzw. Mediengattungen; durch Synergieeffekte wirksamer als Mono-Strategie.

Tausender-Preis

2016 FrühAufg.4b | 2016 Früh Aufg.3 | 2016 Herbst Aufg.3 | 2019 Herbst Aufg.2b

Zum intramedialen Vergleich des Preis-Leistungs-Verhältnisses verschiedener Werbeträger. Berechnung als Tausender – Kontakt-Preis (**TKP**) durch Multiplikation des Preises (je nach Medium pro mm oder Sekunde etc.) x 1.000 dividiert durch Auflage bzw. Reichweite.

Reichweite

- Räumlich das geografische Verbreitungsgebiet;
- Quantitativ die Anzahl der erreichten Personen (hilfsweise bei print-Produkten auch die Höhe der verbreiteten Auflage).
- Qualitativ die Reichweite in der Zielgruppe.

Werbeerfolgskontrolle

Gewinnen und Vergleichen von Daten zur Ermittlung der Werbewirkung bzw. des Grad der Zielerreichung. Bei betrieblichen Kennziffern Betrachtung der jeweils gleich abgegrenzten Daten vor, während und nach der Werbemaßnahme, ZB: Umsatz; Durchschnittsumsatz pro Kunde; Kundenfrequenz; Kundenherkunft nach Postleitzahlen.

Störeffekte
Wirkungen, die die Zuordnung von Effekten zu abgrenzbaren Werbemaßnahmen erschweren oder das Ergebnis verfälschen.
Carry-over: zeitliche Verzögerung zwischen Werbemaßnahme und Wirkung, damit Probleme bei Zuordnung von Umsätzen zu Werbekosten.
Spill-over: Erzeugung von Werbeeffekten durch andere eigene oder fremde Werbemaßnahmen.

7.2 Direktwerbung

2012 Früh Aufg.3b
Ansprache von (potentiellen oder Bestands-)Kunden ohne Werbemittler, z.B. durch personalisierte Anschreiben. Einsatz in Verbindung mit Kundendatenbanken zur individualisierten Angebotswerbung, Erinnerungswerbung aus Anlass von Geburtstagen, Jahrestag eines Kaufs, Fälligkeit von Terminen. Ausgabe von Kundenkarten mit umsatzabhängigen **Prämien.**

8. Öffentlichkeitsarbeit

8.1 + 8.2 Zielgruppen

2014 Herbst Aufg.2a
„Public relations“ = Systematische Pflege der Beziehungen zur „Öffentlichkeit“.

Ziele

- Erhöhung des Bekanntheitsgrades;
- Gestaltung eines Unternehmensprofils in der öffentlichen Wahrnehmung;
- Verbesserung der Aufnahmebereitschaft und Wirksamkeit für klassische Werbung oder Stellenangebote;
- wohlwollende Einstellung öffentlicher Stellen;
- Förderung der Identifikation der eigenen Mitarbeiter.

Maßnahmen - *2018 Herbst Aufg.2*
In Frage kommen v.a. solche Maßnahmen, die direkt mit dem Leistungsangebot verbunden sind und/oder einer Zielgruppe zugute kommen und zusätzlich eine Chance haben, durch Medien redaktionell aufgegriffen und verbreitet zu werden, z.B. größere Spenden oder Veranstaltungen.

Funktionen

Information: Vermittlung von Daten über Produkteigenschaften, technische Merkmale, Preise, Verfügbarkeit etc.
Beeinflussung: Schaffen von Bedürfnissen, Prägen von Einstellungen, Herstellung von Präferenzen.
Bestätigung: Wahrung bzw. Wiederherstellung von Zufriedenheit nach dem Kauf, Förderung eines positiven Multiplikatoreffekts durch Bestandskunden.

Zielgruppen
Extern: Kunden – Lieferanten – Geschäftspartner – Behörden
Intern: Mitarbeiter, Anteilseigner.
Zielgruppe als Multiplikatoren: Meinungsbildner; Redakteure; Mitarbeiter von Medien.
Generell: „stake-holder".

8.3 PR im Krisenfall

2016 Herbst Aufg.4

Krisen - Definition

Im Zusammenhang mit Öffentlichkeitsarbeit sind Krisen solche Ereignisse, die unabhängig davon, ob sie mit oder ohne Verschulden des Unternehmens eingetreten sind, dazu führen können, dass über einen möglichen wirtschaftlichen Schaden hinaus eine deutliche und anhaltende Verschlechterung des öffentlichen Ansehens eintritt.

Kommunikationsfehler

Versuche der Verharmlosung oder gar Verschleierung führen zu einer Skandalisierung des Umgangs mit dem eigentlichen Problem, so dass der durch solche Kommunikationsfehler entstehende Schaden für das Ansehen des Unternehmens meist größer ist als der durch das zugrunde liegende Ereignis selbst auftretende Imageverlust.

Anforderungen

Erforderlich ist vor allem
- eine offene Kommunikation;
- schnelle Kontaktaufnahme mit Betroffenen und Medien;
- sachliche, vollständige und präzise Informationen;
- direkte Entschuldigung bei eventuell Benachteiligten mit Ausgleichsangeboten.

8.4 Sonderinstrumente

Sponsoring

2014 Herbst Aufg.2b+c | 2017 Früh Aufg.3

Förderung von Organisationen/ Vereinen, Veranstaltungen, Aktionen, Personen durch finanzielle oder materielle Zuwendungen, v.a. mit dem Ziel eines positiven Imagetransfers vom Gesponserten auf den Sponsor, aber auch zur Erhöhung des Bekanntheitsgrades, evtl. auch zur Pflege von Beziehungen.
Sponsorleistungen können sein: Trikotwerbung; Namensnennung bis hin zur Benennung des Events nach dem Sponsor; bevorzugte Platzkontingente bei Veranstaltungen.
Unterscheidung je nach Bereich in:
Kultur-, Sport-, Umwelt-, Sozial-Sponsoring

Testimonial-Werbung

2014 Herbst Aufg.3

Werbekampagnen, in deren Mittelpunkt die Selbstdarstellung eines (meist prominenten) Menschen als Kunde / Verwender steht. Ziel ist die Identifikation mit dem Werbeobjekt über die Identifikation oder Sympathie mit dem Werbenden, bei Prominenten zusätzlich die Erhöhung des Bekanntheitsgrades und der Imagetransfer (in diesem Punkt in Vor- und Nachteilen vergleichbar mit Sponsoring).

Event-Marketing

2018 Herbst Aufg.1 - s.auch Kap.3.7

Durchführung von Veranstaltungen für und mit Kunden, die an spezifische Interessen definierter Kundengruppen anknüpfen. Dabei werden die Kunden üblicherweise direkt persönlich eingeladen. Erreicht werden kann damit v.a. eine engere emotionale Kundenbindung.

Product Placement

2013 FrühAufg.5

Integration oder Nennung von Produkten in Filmhandlungen; schwierige Abgrenzung zu (in Deutschland verbotener) Schleichwerbung (*s. Kap. 14.3)*. Danach wird eine Produktplatzierung als zulässig angesehen, wenn sie durch den Inhalt der Handlung notwendig ist.

Weitere Maßnahmen

Im Zusammenhang der Öffentlichkeitsarbeit kommen als weitere Maßnahmen in Betracht:

- Betriebsbesichtigungen, auch über den Kundenkreis hinaus;
- Hausmessen, evtl. im Zusammenhang mit Exklusivangeboten für Inhaber von Kundenkarten;
- Tage der offenen Tür, was sich insofern von Betriebsbesichtigungen unterscheidet, als hier Betriebsfremden für einen längeren Zeitraum Zutritt gewährt und innerhalb dieses Rahmens meist auch eine Betriebsbesichtigung angeboten wird. – *siehe auch Event-Marketing, Kap.3.6*

Maßnahmen intern

Feier von Firmenjubiläen; Betriebsausflüge; Intranet, Informationsauswahl, Mitarbeiterzeitschriften.

Kontrollfragen

Nennen Sie je ein Beispiel für ein ökonomisches und für ein nicht-ökonomisches Werbeziel.

Nennen Sie fünf Schritte der Werbeplanung in logischer Folge.

Was versteht man unter „Copy-Strategie“?

Was bedeutet in der Werbung die „Tonality“?

Erklären Sie den Unterschied zwischen Werbeträger und Werbemittel an einem Beispiel

Nennen Sie drei externe Zielgruppen der PR-Arbeit.

Was bedeutet „social media“ im Marketing?

Antworten

Nennen Sie je ein Beispiel für ein ökonomisches und für ein nicht-ökonomisches Werbeziel.
Ökonomische Ziele: Umsatzsteigerung, Verbesserung der Rendite, Liquiditätssteigerung.
Nicht-ökonomische Ziele: Imageverbesserung, Steigerung des Bekanntheitsgrades.

Nennen Sie fünf Schritte der Werbeplanung in logischer Folge.
- Definition und Abgrenzung der Zielgruppen
- Festlegung der Werbeziele
- Entscheidung über zu bewerbende Angebote
- Budgetierung
- Festlegung von Werbebotschaft und Werbemittel
- Auswahl der Werbeträger
- zeitliche Planung
- Umsetzung
- Controlling der Werbewirkung.

Was versteht man unter „Copy-Strategie"?
Festlegung auf Werbebotschaft und Werbemittel.

Was bedeutet in der Werbung die „Tonality"?
Den Grundton der Werbung, der über Stil und Atmosphäre der Gestaltung vermittelt wird.

Erklären Sie den Unterschied zwischen Werbeträger und Werbemittel an einem Beispiel
Werbeträger ist das Medium zur Übertragung von Werbebotschaften, z.B. der Hörfunk.
Werbemittel ist die Form der Werbebotschaft, z.B. der Spot.

Nennen Sie drei externe Zielgruppen der PR-Arbeit.
Kunden – Lieferanten – Geschäftspartner – Behörden

Was bedeutet „social media" im Marketing?
Nutzung vorhandener oder Einrichtung eigener Gruppen in sozialen Netzwerken.

Übungsaufgabe

Aufgabe 11

Als Assistent der Geschäftsführung eines Großhandels mit Baustoffen erhalten Sie Briefe, in denen Vereine um Unterstützung bitten. Im einzelnen handelt es sich um:

a) zwei Fußballvereine aus der Bezirksliga, die anbieten, den Firmennamen auf dem Trikot zu tragen und auf eine Bande am Rande des heimischen Fußballplatzes aufzunehmen. Sie wollen im Gegenzug eine finanzielle Zuwendung von 5.000 € bzw. 7.000 €.

b) der Landfrauenverein will seinen 28 aktiven Mitgliedern im Winterhalbjahr Wochenendseminare u.a. zum Thema „Reparaturen in Haus und Hof selbst ausführen" anbieten und fragt an wegen Werkzeugsets zu Sonderkonditionen.

c) die Kreishandwerkskammer plant eine Informationsveranstaltung an einem Wochenende für ihre Mitglieder zum Thema „Chancen durch die Förderung alternativer Energien" und bietet Ihnen einen Infostand zu 80,- € / m^2 an.

Erstellen Sie zu allen drei Anfragen einen Entscheidungsvorschlag für die Geschäftsführung in Stichworten.

9. E-commerce

E-commerce - *2013 Herbst Aufg.8*
Übliche Bezeichnung für alle Formen des „elektronischen" Handels, also der Anbahnung und Abwicklung von (Kauf-)Verträgen über Datenaustausch, insbesondere über das Internet. – Dabei wird die Zunahme solcher Transaktionen über mobile Endgeräte als **m-commerce** bezeichnet. – *s. Kap.1.1*

Kundenbindung im Internet - *2014 Herbst Aufg.6*
Die online-Kommunikation bietet besonders effektive Möglichkeiten, Kunden anzusprechen und zu binden. Als Instrumente und Methoden stehen u.a. zur Verfügung:
Direct Mail – direkte Ansprache per e-mail; zu beachten sind die rechtlichen Rahmenbedingungen nach UWG *(s. Kap.10.1 – Unlauterer Wettbewerb)*. Reduziert wird die Wirkung durch die große Anzahl unerwünschter mails (SPAM) und der daraus resultierenden Gefahr, dass mails in einem Junk-Ordner landen. Erreicht die mail den Kunden, bietet sie die Möglichkeit, den Kunden durch Links direkt auf Angebote incl. Bestellmöglichkeit zu lenken.
Links – Verknüpfung von Text oder anderen Bestandteilen einer mail oder Internet-Seite mit Internet-Adressen, die durch einen Click auf das Element, evtl. in einem zusätzlichen Fenster, aufgerufen werden können.
Newsletter – mit Direct Mail Informationen zu versenden, die durch Aktualität oder andere Informationen den Adressaten einen Nutzen bieten, erhöht wesentlich die Chance, dass die mail auch wahrgenommen und beachtet wird. Innerhalb der newsletter kann wiederum mit Links zu eigenen Angeboten gearbeitet werden.
Social Media: Nutzung vorhandener oder Einrichtung eigener Gruppen in sozialen Netzwerken; Basis für eine offene Kom-

munikation mit Kunden bis hin zu einer Plattform für Kommunikation der Kunden untereinander z.B. zum Erfahrungsaustausch; setzt allerdings die regelmäßige zeitnahe Moderation durch eigene Mitarbeiter oder beauftragte Agenturen voraus.

online-Shop

2013 Herbst Aufg.8 | 2016 Herbst Aufg.2b | 2017 Früh Aufg.4 | 2018 Früh Aufg.4c | 2019 Herbst Aufg.1

Anforderungen

Benutzerfreundlichkeit
zur Zielgruppe passende Sortimente
konkurrenzorientiertes Preis-Leistungs-Verhältnis
verschiedene Zahlungsmöglichkeiten
kostenloser Versand

Vorteile

Keine Begrenzung des Einzugsgebietes durch Fahrzeit
Wegfall von Verkaufsräumen
Permanente Erreichbarkeit
Geringere Personalkosten

Nachteile

Risiken der finanziellen Abwicklung, insbesondere höherer Anteil an Mahnkosten und Forderungsausfällen;
fehlender direkter Kundenkontakt, schlechtere Beratungsmöglichkeiten;
Betonung des Preisaspekts durch rasche Verfügbarkeit alternativer Anbieter, häufige Nutzung von Suchmaschinen, die lediglich quantitative Preisvergleiche durchführen;
geringere Reichweite bei älteren und weniger technik-affinen Kunden;
hohe Rücklaufquoten von (im Mode-Bereich) bis zu 70% mit entsprechenden Folgekosten nicht nur durch die logistische und kaufmännische Abwicklung selbst, sondern evtl. darüber hinaus durch Reduzierung der Qualität der zurückgesandten Ware.

Kooperationsmodelle / Marktplatz

2019 Herbst Aufg.1

Bestehende professionelle Plattformen für Shopping und/oder Auktionen können gegen Umsatzbeteiligung des Betreibers für eigene shops genutzt werden.

Vorteile	**Nachteile**
Niedrigere Entwicklungskosten	Beschränkter Spielraum
Niedrigere Fixkosten	Konkurrenz innerhalb des Marktplatzes
Out-sourcing einzelner Prozess-komponenten	Abhängigkeit von Gesamt-auftritt
Sortimentseffekt	

Suchmaschinenoptimierung

Sofern die eigene Adresse (gemeint ist die URL = Internet-adresse) nicht bereits über mails und Links bekannt ist, hängt die Auffindbarkeit von Suchmaschinen, damit fast ausschließlich von Google ab. Es kann **direkt** Werbung gebucht werden, die kontextabhängig (also gekoppelt an bestimmte Begriffe in den Suchabfragen) zur Anzeige von Textzeilen, Bannern oder anderen Elementen führt. **Indirekt** wird versucht, die eigenen Seiten so aufzubauen, dass die Suchalgorithmen der Suchmaschinen selbst zu einer möglichst guten Platzierung unter den dem Suchenden angezeigten Treffern führen.

Affiliate-Marketing

Vertriebspartnerschaft (affiliate = Vertriebspartner), bei der innerhalb eines Internet-Auftritts ein Link zu einem Vertriebspartner gesetzt wird, der eine Kennung der Ausgangsseite erhält. Für die bei dem so entstandenen visit *(siehe unten)* erzielten Umsätze zahlt der affiliate eine Provison.

Geo-Targeting
Kopplung der Anzeige von Angeboten oder anderen Informationen an die durch Analyse der IP-Adresse festgestellte Region, in der ein User sich gerade aufhält.

Analysetools - 2016 Herbst Aufg.2a
Für Auswertung und Kontrolle stellen spezielle Programme (z.B. Google Analytics) eine Reihe von Kennziffern zur Verfügung. Diese beziehen sich auf verschiedene online-spezifische **Kategorien** (*Definitionen nach www.agof.de*):
Visit
Ein Visit beginnt, wenn ein Nutzer innerhalb eines Angebotes eine -> Page Impression erzeugt. Jede weitere Page Impression, die der Nutzer erzeugt, wird diesem Visit zugeordnet. Der Visit wird als beendet angesehen, wenn länger als 30 Minuten keine Page Impression durch den Nutzer erzeugt worden ist
Page Impression (PI)
Seitenaufruf im Internet, der durch ein im Code der Seite hinterlegtes Zählpixel registriert wird.
AdImpression
Ausgabe eines Online-Werbemittels durch einen AdServer, die auf Grund der Anfrage eines Nutzers ausgelöst wurde, bereinigt um die durch automatisierte Prozesse, wie z. B. Suchmaschinenscans, erzeugten Impressions.
Conversion Rate
Das Verhältnis von Conversions (= Verwandlungen; gewünschte Nutzerreaktionen auf eine Online-Werbung wie Kauf oder Registrierung) zu den dazu eingesetzten AdImpressions des Werbemittels. Das Verhältnis wird als prozentualer Anteil dargestellt.

10. Analysieren und Bewerten von Entwicklungen

10.1 Wettbewerbssituationen

Marktformen Preisbildung

Wettbewerbsanalyse
2012 Herbst Aufg.3 | 2016 Früh Aufg.2
Mögliche Fragestellungen zur Beurteilung der Konkurrenten: Marktanteile, Preisstrategien, eingesetzte Kommunikationsmittel, Sortimentspolitik, interne Daten (Anzahl Filialen, Verkaufsflächen, Anzahl und Qualifikationsstruktur der Mitarbeiter). – **siehe auch Kap.10.1**
Ist-Analyse / Konkurrenzanalyse:
Abgrenzung der Anbieter als Konkurrenten nach gleicher Zielgruppe und/oder gleichem Nutzenversprechen. Untersuchung u.a. nach deren Stärken / Schwächen, Leistungsprogramm und Portfolio, Marktanteil und seine Entwicklung, Preisniveau und Preispolitik; Verkaufsform; Kommunikationsstil; Werbeverhalten.

Wettbewerbs-Strategien – *siehe Kap. 2.4*

Wettbewerbsrecht

2013 FrühAufg.6a | 2016 Herbst Aufg.1
Aufgabe: Bekämpfung unlauterer Wettbewerbshandlungen und Sicherung des freien Wettbewerbs.
Rechtsquellen
Gesetz gegen Wettbewerbsbeschränkungen *(Kap. 14.2)*
Gesetz gegen den unlauteren Wettbewerb *(Kap. 14.3)*

Weitere Rechtsquellen - *2016 Herbst Aufg.1b*
Ladenöffnungsgesetz
Preisangabenverordnung (*2016 FrühAufg.7 / 2018 Früh Aufg.5b)*
Fernabsatzgesetz

Wettbewerbsbeschränkungen - Ziel des GWB

2016 Herbst Aufg.1a / 2018 Herbst Aufg.5b

Schutz eines weitgehend ungehinderten Wettbewerbs auf den Märkten als essentielle Voraussetzung für eine funktionierende Marktwirtschaft.

Kartelle *(2012 Herbst Aufg.7)* - Absprachen zur Ausschaltung des Wettbewerbs generell verboten; unter definierten Voraussetzungen (z.B. Strukturkrisen) genehmigungsfähig bzw. (sog. Mittelstandskartell) erlaubt.

Fusionen

Verschmelzungen von Unternehmen – unterliegen der Prüfung durch das Kartellamt; Genehmigung evtl. mit Auflagen oder auch Untersagung, wenn diese zu marktbeherrschenden Stellungen führen

Missbrauch der Marktstellung

Bei Marktbeherrschung (was ab einem Marktanteil von mindestens einem Drittel vermutet wird), z.B. durch überhöhte Preise; Einrichtung von Missbrauchsaufsicht. Kontrollgremien, denen geplante Preise zur Genehmigung vorgelegt werden müssen.

Preisbindung *(2016 FrühAufg.6b)*

Unzulässig sowohl „vertikale“ (= Preisvorgabe durch den Hersteller an den Händler) als auch „horizontale“ = Preisabsprache auf gleicher Stufe.

Zulässig unter bestimmten Voraussetzungen: Meistbegünstigungsklauseln; unverbindliche Preisempfehlungen; Gebietsschutz / Exklusivrechte für ein definiertes Gebiet.

Unlauterer Wettbewerb

2012 Herbst Aufg.6 | 2014 FrühAufg.7 | 2015 Herbst Aufg.2 | 2016 Herbst Aufg.1a

Ziel des UWG: Handlungen „die geeignet sind, den Wettbewerb... nicht nur unerheblich zu beeinträchtigen" (§4 UWG) zu unterbinden; z.B. Schleichwerbung, fehlende Informationen bei Gewinnspielen, Markenpiraterie
Irreführende Werbung = Falsche oder in wesentlichen Punkten unvollständige Angaben incl. Lockvogelangebote, Mondpreise
Verunglimpfung von Wettbewerbern durch herabsetzende „Schmähkritik"
Preisdumping als Verkauf unter Einstandspreis als Mittel im Verdrängungswettbewerb ist unzulässig.
Vergleichende Werbung ist nur dann unzulässig, wenn sie zu Verwechslungen führt und/oder den Wettbewerber verunglimpft.
Unzumutbare Belästigung ist die Werbung bei Privatpersonen per Telefon oder mail ohne deren Einverständnis.

Schleichwerbung

2013 Früh Aufg.5

Bezahlte Darstellung eines Produkts in einem Medium mit dem Anschein redaktionell unabhängiger Berichterstattung.

Zuständigkeit

Örtlich und sachlich zuständiges Gericht ist das Landgericht am Geschäftssitz des Beklagten.
Außergerichtlich zuständig für Überwachung von Wettbewerbsregeln sind auch IHK und HWK

Rechtsfolgen

2013 Früh Aufg.6 | 2015 Herbst Aufg.2

Bußgelder, z.B. für Kartelle; bei unerlaubter Telefonwerbung.

Abmahnung, z. B. Bei fehlenden Inhaltsangaben

Unterlassungsansprüche für Wettbewerber, z.B. bei Lockvogelangeboten, geltend zu machen durch eine strafbewehrte Unterlassungserklärung, durch die bei einer Wiederholung der Rechtsverletzung der Verletzer in Anspruch genommen werden kann.

Schadenersatz, evtl. zivilrechtliche Ansprüche des geschädigten Wettbewerbers.

10.2 Konjunkturzyklen

2012 Herbst Aufg.4a
Zyklische mittelfristige Schwankungen des Wirtschaftswachstums gemessen am realen Bruttoinlandsprodukt. Konjunkturzyklus ca. 4-5 Jahre.

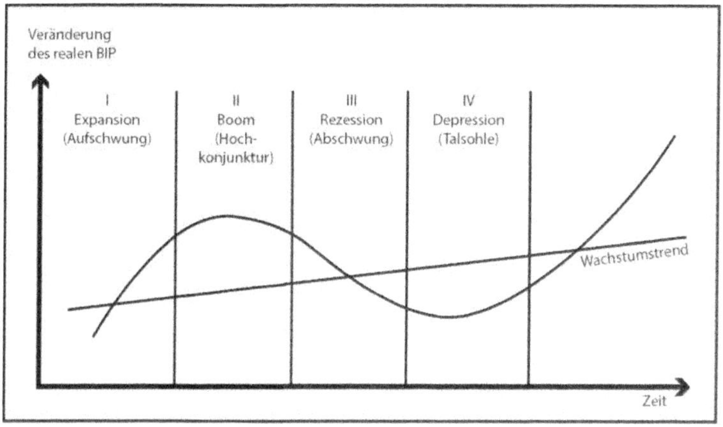

Phasen:
- Aufschwung (Expansion)
- Hoch (Boom)
- Abschwung (Rezession)
- Tief (Depression)

2013 Herbst Aufg.2b

Aufschwung: Zuwachs des realen BIP; Zunahme der Nachfrage; stärkere Auslastung der Kapazitäten; steigender Beschäftigungsgrad; geringer Preisauftrieb.
Hoch: Zuwachs des realen BIP auf höchstem Niveau; Zunahme der Nachfrage schneller als Wachstum des Angebots; hohe Auslastung der Kapazitäten; höchster Beschäftigungsgrad; verstärkter Preisauftrieb.

Abschwung: Zuwachs des realen BIP reduziert sich; nachlassende Nachfrage; sinkender Auslastung der Kapazitäten; nachlassender Beschäftigungsgrad; anhaltender Preisauftrieb.
Tief: Zuwachs des realen BIP auf tiefstem Niveau bzw. Rückgang; fehlende Nachfrage; niedrigste Auslastung der Kapazitäten; geringer Beschäftigungsgrad; geringster Preisauftrieb.
Achtung: in manchen Quellen bedeutet "Rezession" ein Tief und "Depression" ein lang anhaltendes Tief. Deshalb wurden hier im Interesse der Eindeutigkeit die deutsch-sprachigen Bezeichnungen verwendet.

Indikatoren *(2016 Früh Aufg.5b | 2016 Herbst Aufg.4a)*
Für die Beurteilung der Konjunkturentwicklung gelten: Auftragsbestände, Erwartungen als **Frühindikatoren**; Nachfrage, Kapazitätsauslastung als **Präsenzindikatoren**; Preisentwicklung, Beschäftigungsgrad als **Spätindikatoren.**

10.3 Globalisierung

Freihandel
Internationaler Austausch von Gütern und Dienstleitungen ohne Behinderungen oder Beschränkungen; im weiteren Sinne auch keine Wettbewerbsverzerrung durch Subventionen.

Organisationen
Bis 1995 **GATT** („Welthandelsabkommen"); seit 1995 **WTO** (**W**orld **T**rade **O**rganization; Welthandelsorganisation) mit Sitz in Genf. Aufgaben: Abbau von Handelshemmnissen, Durchsetzung des Grundsatzes der Meistbegünstigung, Schlichtung von Handelskonflikten.

Kooperationen – Stufen:
Freihandelszone: Abbau gegenseitiger Zölle und Handelsbeschränkungen
Zollunion: gemeinsame Außenhandelspolitik gegenüber Drittstaaten
Binnenmarkt: einheitlicher Wirtschaftsraum ohne rechtliche, technische, steuerliche Schranken
Wirtschafts- und Währungsunion: Binnenmarkt mit gemeinsamer Währung

Globalisierung

2012 Herbst Aufg.2 | 2014 Früh Aufg.1a+c | 2016 Herbst Aufg.5
Definition: Verflechtung der nationalen Wirtschaften durch weltweiten Austausch von Gütern , Dienstleistungen und Kapital. Bewirkt verstärkten Wettbewerb um Marktanteile und Ressourcen, größere Auswahlfreiheit und Marktübersicht für Anbieter und Nachfrager.

Auswirkungen: Erweiterung der Absatzmärkte; Erweiterung der Beschaffungsmärkte; Erhöhung des Wettbewerbsdrucks auf dem inländischen Markt durch ausländische Konkurrenten; Erleichterung von Standortverlagerung in andere Länder; Förderung des Entstehens international tätiger Unternehmen.

Aspekte und Risiken - *2015 Früh Aufg.5*
Preisniveau, Transportkosten; Transportrisiken, Versicherungskosten; Zölle: Kosten und Bearbeitungsaufwand; Qualitätssicherung; Termintreue, Transportdauer; Rechtssicherheit

Globale Standortwahl – Kriterien
Lohnkosten; Qualifikationsniveau; Infrastruktur; Nähe zu Beschaffung –/Absatzmärkten; Rechtssicherheit; politische Stabilität; Entscheidungsfreiheit; Steuervorteile.

Beschaffung – Risiken
2015 Früh Aufg.5 | 2017 Herbst Aufg.6
Lieferdauer; Transportrisiken; Lieferqualität; Handelsboykott, Embargo; Einfuhrzölle; Wechselkursschwankungen. – Mögliche Gegenmaßnahmen: Höhere Sicherheitsbestände; zusätzliche Lieferanten; Devisenterminkontrakte.

10.4 Europäische Union

Europäischer Binnenmarkt

Achtung: NICHT identisch mit EURO-Zone, der nur 18 der 28 Länder des Binnenmarktes angehören.

Die „**vier Freiheiten**" des EU-Binnenmarktes:
2014 Herbst Aufg.5 | 2015 Herbst Aufg.4
Personenverkehr: freie Arbeitsplatzwahl, Anerkennung von Berufsabschlüssen, Aufenthalts – und Niederlassungsfreiheit.
Warenverkehr: keine Zölle und Handelsschranken, keine Grenzkontrollen, Harmonisierung der Normen, Angleichung von Umsatz-und Verbrauchsteuern.
Dienstleistungsverkehr: Öffnung des gemeinsamen Marktes für Banken und Versicherungen, Liberalisierung der Verkehrs- und Kommunikationsmärkte.
Kapitalverkehr: keine Beschränkungen im Geld-und Zahlungsverkehr.

Europäische Währungsunion

Gemeinsame Währung **Euro €** als gesetzliches Zahlungsmittel in 18 der 28 Länder des europäischen Binnenmarktes *(s. auch oben EZB unter Geldpolitik).*
Konvergenzkriterien (*Vertrag von Maastricht)*
2012 Früh Aufg.4a | 2013 Früh Aufg.5a
Vertraglich vereinbarte Bedingungen für Beitritt zur bzw. Mitgliedschaft in der Eurozone, insbesondere:
- Begrenzung der staatlichen **Neuverschuldung** auf 3 % des Bruttoinlandsprodukts (BIP)
- Begrenzung der staatlichen **Gesamtverschuldung** auf 60 % des BIP.

Währungsunion – Vor- und Nachteile
Vorteile: Wegfall von Umtauschkosten und Wechselkursrisiken; größere Markttransparenz durch direkte Vergleichbarkeit der Preise. - **Nachteile**: kein Ausgleich unterschiedlicher Marktstellung durch Wechselkursanpassungen; stärkere wechselseitige konjunkturelle Beeinflussung.

10.5 Marketing-Mix

2012 Früh Aufg.3 | 2012 Herbst Aufg.4b | 2015 Früh Aufg.7b
Zielgerichteter aufeinander abgestimmter Einsatz aller Marketing-Instrumente. Das bedeutet die Berücksichtigung aller Wechselwirkungen zwischen den verschiedenen Feldern und die Ausrichtung der Entscheidungen auf allen Einzelfeldern an dem strategischen Ziel bzw. der definierten Zielgruppe.

Aspekte des Marketing-Mix:
Welche Instrumente stehen zur Verfügung?
Welche Instrumente sollen eingesetzt werden?
Wie sollen die Instrumente gehandhabt werden?
In welchem Umfang sollen sie eingesetzt werden?
In welcher Reihenfolge sollen sie eingesetzt werden?
In welcher Kombination zueinander sollen sie wirksam werden?

Marketing-Mix nach generellen Zielgruppen
B2C = Business to consumer; Zielgruppe Endkunden
B2B = Business to Business; Zielgruppe Unternehmen
Unterschiede in rechtlichen Rahmenbedingungen, aber auch Anforderungen an die einzelnen Instrumente

Konsumgüter-Marketing

Bedeutet meist B2C; große Zielgruppe aus Einzelpersonen. - **Marktsituation**:
- hoher Wettbewerbsdruck;
- gesättigte Märkte;
- hohe Bedeutung von Produktvariationen, re-launch;
- zunehmende Ähnlichkeit der Produkte;
- große Bedeutung von Marken und Markenbindung.

Produktpolitik: stärker in den Vordergrund treten Zusatznutzen, ästhetische Anmutung, Markenführung, Service, Bündelung.
Kontrahierungspolitik: Orientierung am Markt (Kunden, Wettbewerber); Einsatz der Preispolitik zur Kundenbindung (Rabatte, Kundenkarten).
Distributionspolitik: mehrstufiger Absatz im Vordergrund; aber auch direkt über outlets, online-shops.
Kommunikationspolitik: breites Spektrum kommunikationspolitischer Instrumente; bei Werbung Einsatz von Massenmedien.

Im amerikanischen als **4 P**:
P roduct - **P** rice - **P** lace - **P** romotion

Speziell im Dienstleistungs-Marketing Erweiterung auf 7 P:
P eople (Personalpolitik)
P hysical Factors (Ausstattung)
P rocess (Prozesspolitik)

10.6 Marketing-Controlling

Controlling

Kontrolle durch Soll-Ist-Analysen, Vorschläge zur Reaktion auf Abweichungen.
Planung durch Abschluss des Planungsprozesse, Festlegung von Methodik und Unterlagen.
Koordination durch Abstimmung der Prozesse zwischen verschiedenen betrieblichen Funktionsbereichen.
Information durch Planung und Kontrolle der Informationsströme und – Prozesse.

Anwendung auf alle Marketingaktivitäten eingeschlossen der marketingbezogenen Tätigkeiten aller Mitarbeiter.
Prozessgestaltung
Festlegung der Sollwerte
Ermittlung der Istwerte
Durchführung des Soll-Ist-Vergleichs
Analyse der Abweichungen
Erarbeiten von Gegenmaßnahmen

Ökonomische Controllinginstrumente

2017 Früh Aufg.2b
Umsatz-und Absatzzahlen; Rücklaufquoten; Bon-Analysen; Wirtschaftlichkeitsberechnungen; Leistungskennzahlen; Marktanteilsvergleich; ABC-Analyse

Kennziffern
Vertriebserfolgsrechnung; Kundendeckungsbeitragsrechnung; Vertriebskennzahlensysteme; Vertriebswegeanalysen; Mitarbeitersteuerung; Provisionssysteme; Berichtswesen.

Sortimentskontrolle - *2019 Früh Aufg.4; s. Kap. 4.2*

ABC-Analyse - *2015 Früh Aufg.3c*
Sortierung eines Datenbestandes (Kunden; Lieferanten; Warengruppen) absteigend nach quantitativer Bedeutung (Umsatz; Deckungsbeitrag; Volumen) zur anschließenden Bildung von Gruppen, wobei etwa die größten **A** 20% ca. 80% des Volumens ausmachen (Pareto-Prinzip), die nächsten **B** 30% ca. 15% und die restlichen **C** 50% die restlichen 5%.

Vertriebserfolgsrechnung:
Erfolg (= Erlöse – Kosten) für Absatzsegmente:
Produkte / Produktgruppen
Kunden / Kundengruppen
Regionen / Verkaufsgebiete
Absatzwege
Konditionen
Aufträge

Kundendeckungsbeitragsrechnung
Typischer Aufbau:
Bruttoerlöse – Erlösschmälerungen = Nettoerlöse
Nettoerlöse – variable Kosten der dafür gelieferten Produkte = Deckungsbeitrag I
Deckungsbeitrag I – kundenverursachte Auftragskosten (z.B. Versand) = Deckungsbeitrag II
Deckungsbeitrag II – kundenbezogene Akquisitionskosten = Deckungsbeitrag III.

Methoden

Parallelkontrollen: zeitnahe Überprüfung aller Marketingaktivitäten während des Prozesses auf Einhaltung des geplanten Entwicklungsrahmens.
Ex-Post-Kontrollen: nachträgliche Durchführung von Soll-Ist-Vergleichen zur Gesamtanalyse abgeschlossener Marketingprozesse.

Kontrollfragen

Darf der Hersteller im Vertrag mit einem Händler einen bestimmten Verkaufspreis vorschreiben? Begründen Sie Ihre Antwort.

Was versteht man unter Irreführender Werbung?

Was bedeutet im Wettbewerbsrecht der Begriff „unzumutbare Belästigung"?

Aus welchen vier Phasen besteht ein Konjunkturzyklus?

Was versteht man unter der Konsumquote?

Nennen Sie drei Auswirkungen der Globalisierung auf die Handelsunternehmen.

Nennen Sie die vier Freiheiten des Europäischen Binnenmarktes und zu jeder ein Beispiel.

Nennen Sie drei Kennziffern, mit denen ein Marketing-Controlling arbeiten kann.

Was wird mit der mehrstufigen Kundendeckungsbeitragsrechnung ermittelt?

Kontrollfragen – Antworten

Darf der Hersteller im Vertrag mit einem Händler einen bestimmten Verkaufspreis vorschreiben?
Nein; Verbot der vertikalen Preisbindung, weil dadurch der Wettbewerb beeinträchtigt würde.

Was versteht man unter Irreführender Werbung?
Falsche oder in wesentlichen Punkten unvollständige Angaben incl. Lockvogelangebote, Mondpreise.

Was bedeutet im Wettbewerbsrecht der Begriff „unzumutbare Belästigung“?
Werbung bei Privatpersonen per Telefon oder mail ohne deren Einverständnis oder auch das Zusenden unbestellter Ware.

Aus welchen vier Phasen besteht ein Konjunkturzyklus?
Aufschwung – Hoch – Abschwung – Tief

Was versteht man unter der Konsumquote?
Den Anteil des verfügbaren Einkommens, den die privaten Haushalte ausgeben.

Nennen Sie drei Auswirkungen der Globalisierung auf die Handelsunternehmen.
- Größere Auswahl auf den Beschaffungsmärkten;
- neue Absatzmärkte;
- verschärfte Konkurrenz aus dem Ausland.

Nennen Sie die vier Freiheiten des Europäischen Binnenmarktes und zu jeder ein Beispiel.
Freiheit für:
- Menschen (Niederlassungsfreiheit und Arbeitsberechtigung in allen Ländern);
- Waren (keine Zölle oder Beschränkungen für den grenzüberschreitenden Verkauf);
- Dienstleistungen (alle Dienstleistungen wie zB Transport können in allen Ländern angeboten werden)
- Kapital (keine Begrenzung für Investitionen).

Erklären Sie die Abkürzungen „B2B" und „B2C".
B2C = Business to consumer; Zielgruppe Endkunden
B2B = Business to Business; Zielgruppe Unternehmen

Nennen Sie drei Kennziffern, mit denen ein Marketing-Controlling arbeiten kann.
- Vertriebserfolgsrechnung;
- Kundendeckungsbeitragsrechnung;
- Vertriebskennzahlensysteme;
- Vertriebswegeanalysen;
- Mitarbeitersteuerung;
- Provisionssysteme;
- Berichtswesen.

Was wird mit der mehrstufigen Kundendeckungsbeitragsrechnung ermittelt?
Was vom Netto-Umsatz mit einem Kunden nach Abzug der variablen Kosten für die Produkte und der dem Kunden zuzurechnenden Fixkosten übrig bleibt.

Übungsaufgabe

Aufgabe 12

Beim Einsatz der Marketing-Instrumente muss vor allem die Wechselwirkung zwischen den vier verschiedenen Feldern beachtet werden.

a) Nennen Sie die vier Instrumente im Marketing-Mix und zu jedem die wichtigsten Inhalte.

b) Erläutern Sie an je einem selbst gewählten konkreten Beispiel einen Konflikt und eine Übereinstimmung zwischen zwei Marketinginstrumenten.

Aufgabe 13

Zu den Aufgaben des Controlling gehört auch die Analyse der Marketing-Aktivitäten.

a) Erklären Sie in diesem Zusammenhang den Unterschied zwischen „Parallelkontrollen“ und „Ex-Post-Kontrollen“.

b) Beschreiben Sie Zweck und Aufbau einer Kundendeckungsbeitragsrechnung.

Übungsaufgaben - Antworten

Aufgabe 1

Für den Bedeutungsverlust mancher Betriebsformen des Einzelhandels wird durchweg in erster Linie die Verbreitung von Internet und damit einhergehend e-commerce verantwortlich gemacht. Es gab und gibt jedoch auch andere Faktoren, die immer wieder Anpassungsprozesse verursachen.
a) Nennen Sie drei dieser Faktoren und erklären Sie ihre Wirkung auf die Betriebsform.
b) Neben dem e-commerce haben auch Shopping-Center und Discounter an Bedeutung gewonnen. Erläutern Sie beide Vertriebsformen und die Ursachen, die Sie für deren Zuwachs annehmen.

a) Demografischer Wandel: die Altersstruktur der Bevölkerung verschiebt sich nach oben. Damit steigt u.a. der Anteil von Rentnern an der Zielgruppe.
Technologischer Fortschritt: damit können z.B. mehr Tätigkeiten und Prozesse automatisiert werden.
Globalisierung: es sind mehr unterschiedliche Produkte auf dem Markt; die Konkurrenz nimmt zu.
Kundenansprüche: z.B. höhere Ansprüche an Service, Lieferbereitschaft.
Bei den Wirkungen auf die Betriebsform muss und kann nicht genau ausgeführt werden, ob und wie sich die Betriebsform dadurch ändert. Es geht lediglich darum zu begründen, warum es Folgen haben kann. Und natürlich sind auch andere Beispiele möglich.

b) *Hier gibt es auch nicht nur EINE Lösung; richtig sind alle Antworten, die eine zutreffende Verbindung zwischen Kundenverhalten und den Besonderheiten der genannten Betriebsformen herstellen; z.B.:*
Shopping-Center fassen verschiedene Handels- und Dienst-

leistungsunternehmen für Privatkunden an einem gemeinsamen Standort zusammen; sie ermöglichen den Kunden damit, unterschiedliche Bedürfnisse in einer Aktion zu befriedigen. Sie kommen damit dem zunehmenden Hang zu Bequemlichkeit entgegen. Gleichzeitig bieten sie durch ihre Größe und das breite Spektrum bei guter Gestaltung des Centers die Möglichkeit zum Erlebniseinkauf.
Discounter zeichnen sich v.a. durch niedriges Preisniveau aus; folglich ziehen sie dann bei Produktgruppen bzw. Käufergruppen die Nachfrage an sich, wenn in erster Linie der Preis die Kaufentscheidung beeinflusst.

Aufgabe 2

Sie wollen mit der Eröffnung eines Studios „Smart Home – digitaler Komfort" im Gewerbegebiet Fuchswiese den Schritt in die Selbständigkeit wagen. Unter der zahlreichen Post auf Grund Ihrer Gewerbeanmeldung ist auch ein Schreiben einer „Werbegemeinschaft Fuchswiese" mit der freundlichen Bitte, der WG beizutreten und aktiv mitzuarbeiten.
a) Welche Form der Kooperation wird Ihnen damit angeboten?
b) Stellen Sie gegenüber, welche Vor- und welche Nachteile Ihnen aus einer Mitgliedschaft erwachsen könnten.

a) Laterale Kooperation, da die verschiedenen Gewerbetreibenden nicht in der Wertschöpfungskette verbunden sind, sondern lediglich einen gemeinsamen Standort haben.

b) Vorteile u.a.: Verbesserung von Bekanntheitsgrad und Image des Standorts; Kundenfrequenz durch gemeinsame Aktionen; Vorteile durch „gut-nachbarliche" Beziehungen zu den anderen Gewerbetreibenden.
Nachteile u.a.: Kosten durch Mitgliedsbeitrag und/oder Umlagen; zeitliche Belastung durch Mitarbeit.

Aufgabe 3

Unabdingbare Voraussetzung für eine erfolgreiche Sortimentpolitik ist, die sich wandelnden Kundenwünsche möglichst früh und genau zu kennen.
a) Erklären Sie, welche Untersuchungsmöglichkeiten hier die Primärforschung bietet.
b) Erläutern Sie den Unterschied und das Verhältnis zwischen Primär- und Sekundärforschung.

a) Untersuchungsmöglichkeiten in der Primärforschung sind v.a. (Kunden-)Befragung und Beobachtung (z.B. Kundenlaufstudie). Bei den genannten Möglichkeiten muss es sich um eine erstmalige Gewinnung der Daten handeln, da das die Primärforschung kennzeichnet.
b) Im Unterschied zur Primärforschung arbeitet die Sekundärforschung mit bereits aus anderen Quellen vorliegenden Daten, während sie bei der Primärforschung neu gewonnen werden. Für die Marktforschung sind das damit aber keine Gegensätze. Bei einem Forschungsthema qird man zunächst mit den Mitteln der Sekundärforschung, die schneller und kostengünstiger ist, arbeiten. Je nachdem ergibt sich, in welchem Umfang zusätzlich Primärforschung erforderlich ist.

Aufgabe 4

Sie haben den Eindruck, dass Ihre bisherigen Marketing-Maßnahmen, bei denen nicht weiter nach Zielgruppen unterschieden wird, viele potentielle Kunden nur schwach ansprechen. Deshalb wollen Sie die Möglichkeit einer Marktsegmentierung prüfen.
a) Nach welchen Kriterien kann eine Marktsegmentierung erfolgen? Nennen und erläutern Sie drei verschiedene.
b) Welche beiden grundsätzlichen Strategien der Marktbearbeitung kommen an Stelle der bisherigen nach erfolgter Marktsegmentierung in Frage?

a) Merkmale für die Aufteilung können sein:
soziodemographische (Alter, Geschlecht, Familienstand, Einkommensniveau, Haushaltsgröße);
psychografische (Wertvorstellungen, Freizeitinteressen, Lebensstil, Markenbindung);
geographische (Nielsen-Gebiet, Bundesland, Region, Ballungsraum, Stadt).
b) differenziert = Bearbeitung mit unterschiedlichen Kombinationen der Marketing-Instrumente;
konzentriert = Bearbeitung nur einer Zielgruppe, damit eines Teilmarktes.

Aufgabe 5

Die Wahl des Standorts ist von entscheidender Bedeutung für die Chance auf geschäftlichen Erfolg.
a) Nennen Sie vier Kriterien, die Sie bei einer Entscheidung über alternative Standorte auf jeden Fall berücksichtigen würden.
b) Beschreiben Sie Ihr Vorgehen, um zwischen verschiedenen in Frage kommenden Standorten zu einer möglichst präzisen und rationalen Entscheidung zu kommen.

a) 1. Lage (z.B. Innenstadt oder Stadtrand)
2. Verkehrsanbindung (Erreichbarkeit)
3. Infrastruktur (Parkmöglichkeiten, Nähe zu attraktiven anderen Zielen)
4. Demographie (Alters- und Einkommensstruktur im Einzugsgebiet)
5. Wettbewerb (Entfernung zu Konkurrenten)
b) 1. Entscheidung über zu berücksichtigende Kriterien und Bewertungsmaßstab;
2. Zuordnung von Gewichtungsfaktoren;
3. eventuell Aussortieren von Entscheidungsvarianten nach Kriterien der Unverzichtbarkeit („Killer-Kriterien“);
4. Berechnen der Nutzenwerte pro Alternative;
5. Entscheidung

Aufgabe 6

Die Preisbildung durch das Zusammentreffen von Angebot und Nachfrage wird in der volkswirtschaftlichen Theorie im Modell eines vollkommenen Marktes erklärt.

a) Erläutern Sie vier Bedingungen für das Vorliegen eines vollkommenen Marktes.

b) Nennen Sie einen existierenden Markt, der diesem Modell nahe kommt.

c) Stellen Sie die Preisbildung in einer vollständig beschrifteten Grafik dar für einen Markt mit einer elastischen Angebots-und einer unelastische Nachfragekurve.

d) Zeichnen Sie in diese Grafik ein, wie sich eine Einkommenserhöhung auf den Gleichgewichtspreis auswirkt.

a) - beidseitiges Polypol (viele Anbieter und Nachfrager);
- vollständige Transparenz (= alle Marktteilnehmer verfügen über alle Marktdaten);
- Homogenität der Güter (alle Güter sind gleich beschaffen);
- keine Präferenzen (= rationales Verhalten der Marktteilnehmer = keine persönlichen, zeitlichen oder räumlichen Vorlieben);
- keine zeitlichen Verzögerung bei Anpassungen.

b) Devisenmarkt (auch möglich: Aktienmarkt; Kapitalmarkt)

c) + d)

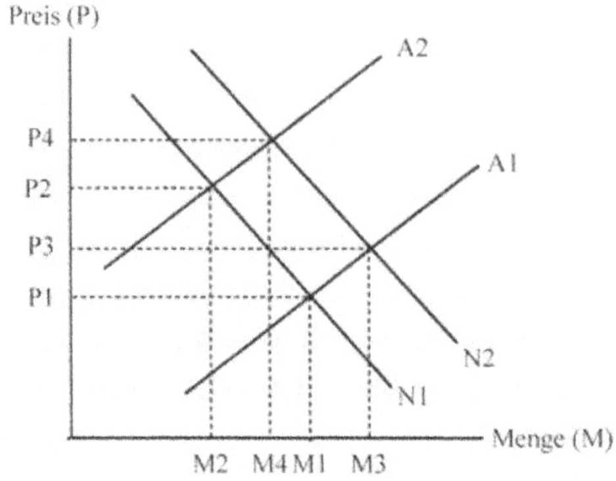

Aufgabe 7

Sie betreiben in der Region das Fachgeschäft „Bull's Eye" für Dart und andere Geschicklichkeitsspiele. Vom Bundeskartellamt erhalten Sie ein Schreiben, dass ein größeres Spielwarengeschäft von einem national tätigen Filialunternehmen übernommen werden soll. Sie werden zur Stellungnahme aufgefordert.

a) Welche Marktform liegt hier vor.

b) Welche Auswirkungen kann diese Übernahme für Ihr Geschäft und für die Verbraucher in der Region haben.

a) Angebots-Oligopol

b) Es ist anzunehmen, dass das Filialunternehmen damit in der Region eine marktbeherrschende Stellung erreicht. Bei einem offensiven Anbieten von Produkten in Ihrem spezialisierten Sortiment hätten Sie vermutlich weder in der Kommunikations- noch in der Preispolitik viel entgegenzusetzen. Das könnte äußerstenfalls sogar ihre wirtschaftliche Existenz gefährden. – Für die Verbraucher bedeutet das eine Verringerung ihrer Auswahl und möglicherweise auch höhere Preise.

Aufgabe 8

In einem Filialunternehmen des Großhandels sehen die Filialleiter wegen des Konkurrenzdrucks die Notwendigkeit, soweit möglich die

Preise zu reduzieren. Die Geschäftsführung sieht dafür zwar durchaus einen gewissen Spielraum, möchte aber schon aus Rücksicht auf die Alt-Kunden nichts an den Listenpreisen ändern. - Nennen und erläutern Sie andere Möglichkeiten, auf diesem Feld dennoch etwas zu tun.

Es bleiben nur die Möglichkeiten eines indirekten Preisnachlasses, also Zugaben ohne Änderung des „offiziellen" Verkaufspreises. Diese können bestehen in Natural-Leistungen, z.B. kostenlose Zugabe von Zubehör oder im Service ohne Mehrberechnung, z.B. Lieferung und/oder Monate und/oder Einweisung.

Aufgabe 9

Die Analyse Ihrer Kennziffern für das abgelaufene Geschäftsjahr führt Sie zu dem Schluss, dass Sie unter einem Übersortiment leiden. Sie nehmen sich deshalb eine Straffung vor und möchten das mit einem trading-up verbinden.

a) Erklären Sie die Begriffe „Übersortiment" und „Straffung"; berücksichtigen Sie dabei auch die Auswirkungen auf die betriebswirtschaftliche Situation.

b) Erläutern Sie, mit welchen Maßnahmen Sie ein trading-up erreichen können und welche wirtschaftlichen Verbesserungen Sie sich davon versprechen.

a) Übersortiment bedeutet ein zu großes (breites und/oder tiefes) Sortiment. Folgen u.a.:

- hohe Kapitalbindung;
- niedrige Umschlagsgeschwindigkeit;
- unübersichtliches Angebot;
- Überalterung des Sortiments.

Straffung ist eine Verschlankung des Sortiments mit dem Ziel der Kostenersparnis bei Verkaufsfläche und Personal; Erhöhung der Umschlagshäufigkeit; Betonung der Kompetenz im Kernsortiment.

b) Anhebung des durchschnittlichen Standards des Gesamt-Sortiments durch Veränderung des Anteils eines „Spitzensortiments" bzw. des Sortimentsanteils von Markenartikeln und/oder Elimination der untersten Sortimentsanteile. Wirkung wird eine Steigerung des Umsatzes pro Kauf und eine Verbesserung der Handelsspanne sein.

Aufgabe 10

Als Geschäftsführer eines auf Smart-Home-Produkte und Installationen spezialisierten Fachgeschäfts sehen Sie keine Chance, preislich gegen online-shops konkurrieren zu können. Sie wollen deshalb systematisch alle Möglichkeiten der Kundenbindung durch exzellenten Service ausschöpfen.
a) Unterscheiden Sie drei Arten von Service-Leistungen.
b) Überlegen Sie sich zu jeder Art zwei konkrete Service-Angebote.

a) Zahlungs-, sortiments- und kunden-bezogene Service-Leistungen.

b) Zahlungsbezogen z.B.: Ratenzahlung; Kauf auf Rechnung; Akzeptanz von Kreditkarten, PayPal.
Sortimentsbezogen: individuelle Beratung; individuelle Installationsvorschläge; Testinstallationen.
Kundenbezogen: kostenloses WLAN; Info-Ecke über passende apps; Sitzecke mit Wasserspender und Espresso-Maschine.

Aufgabe 11

Als Assistent der Geschäftsführung eines Großhandels mit Baustoffen erhalten Sie Briefe, in denen Vereine um Unterstützung bitten. Im einzelnen handelt es sich um:
a) zwei Fußballvereine aus der Bezirksliga, die anbieten, den Firmennamen auf dem Trikot zu tragen und auf eine Bande am Rande des heimischen Fußballplatzes aufzunehmen. Sie wollen im Gegenzug eine finanzielle Zuwendung von 5.000 € bzw. 7.000 €.
b) der Landfrauenverein will seinen 28 aktiven Mitgliedern im Winterhalbjahr Wochenendseminare u.a. zum Thema „Reparaturen in Haus und Hof selbst ausführen“ anbieten und fragt an wegen Werkzeugsets zu Sonderkonditionen.
c) die Kreishandwerkskammer plant eine Informationsveranstaltung an einem Wochenende für ihre Mitglieder zum Thema „Chancen durch die Förderung alternativer Energien“ und bietet Ihnen einen Infostand zu 80,- € / m² an.

Erstellen Sie zu allen drei Anfragen einen Entscheidungsvorschlag für die Geschäftsführung in Stichworten.

Die Vorschläge müssen argumentativ überzeugend abgeleitet sein aus Annahmen zur Zielgruppe und Kosten-Nutzen-Betrachtungen; z.B.:

a) die Außenwirkung ist zu unspezifisch – hoher Streuverlust; Gefahr der Verärgerung von konkurrierenden Vereinen.

b) kein Bezug zu Zielgruppe Handwerker - ablehnen ODER:
bei Abgabe der Werkzeugsets zu Selbstkosten keine finanzielle Belastung; positiver Image-Effekt, der sich indirekt bei Aufträgen aus diesem Kreis an Handwerker auswirken könnte.

c) trifft genau die Zielgruppe; bei Kosten über den Stand hinaus sind die Personalkosten zu bedenken.

Aufgabe 12

Beim Einsatz der Marketing-Instrumente muss vor allem die Wechselwirkung zwischen den vier verschiedenen Feldern beachtet werden.
a) Nennen Sie die vier Instrumente im Marketing-Mix und zu jedem die wichtigsten Inhalte.
b) Erläutern Sie an je einem selbst gewählten konkreten Beispiel einen Konflikt und eine Übereinstimmung zwischen zwei Marketinginstrumenten.

a) Produktpolitik: u.a. kundengerechte Gestaltung der Produkte, Realisierung eines marktgerechten Leistungsprogramms; Ausgestaltung von Grund- und Neben-Nutzen; Service; Produktentwicklung, Variationen, Differenzierungen, Innovationen.

Kontrahierungs- (Preis-) Politik: Alle Entscheidungen mit Einfluss auf das Entgelt für das verkaufte Produkt/die erbrachte Leistung; Komponenten: generelle Preishöhe, konkrete Verkaufspreise; Preisdifferenzierungen; Konditionen; Mengenrabatt, Skonto, Bonus, Zahlungsfristen, Finanzierung.
Distributionspolitik: Entscheidung über Vertriebswege in physischer Hinsicht; Distributionswege; Wahl der Absatzmittler.
Kommunikationspolitik: Werbung, Verkaufsförderung, Öffentlichkeitsarbeit/Public Relations, Sponsoring, Event Marketing, Direkt-Marketing, Product-placement, online-Kommunikation.

b) Zum Beispiel: Hochpreispolitik – Distribution über Discounter; hochwertige Produktgestaltung – aggressive Kommunikation mit Preisvorteilen.

Aufgabe 13

Zu den Aufgaben des Controlling gehört auch die Analyse der Marketing-Aktivitäten.
a) Erklären Sie in diesem Zusammenhang den Unterschied zwischen „Parallelkontrollen" und „Ex-Post-Kontrollen".
b) Beschreiben Sie Zweck und Aufbau einer Kundendeckungsbeitragsrechnung.

a) Parallelkontrollen: zeitnahe Überprüfung aller Marketingaktivitäten während des Prozesses auf Einhaltung des geplanten Entwicklungsrahmens.
Ex-Post-Kontrollen: nachträgliche Durchführung von Soll-Ist-Vergleichen zur Gesamtanalyse abgeschlossener Marketingprozesse.

b) Zweck ist festzustellen, wie viel an Deckungsbeitrag letzten Endes aus dem Umsatz mit einem Kunden hervorgeht. Hintergrund ist, dass die übliche Rangliste der Kunden nach Umsatz darüber hinwegtäuschen kann, dass dieser Umsatz mit unterschiedlich großem Aufwand verbunden ist.

Typischer Aufbau:

Bruttoerlöse – Erlösschmälerungen = Nettoerlöse

Nettoerlöse – variable Kosten der dafür gelieferten Produkte = Deckungsbeitrag I

Deckungsbeitrag I – kundenverursachte Auftragskosten (z.B. Versand) = Deckungsbeitrag II.

Deckungsbeitrag II – kundenbezogene Akquisitionskosten = Deckungsbeitrag III.

Stichwortverzeichnis

A

B

C

D

E

L

M

N

O

P

Q

R

S

Literatur für Handelsfachwirte:

Die Pflichtfächer in Einzelausgaben – zusätzlich mit Kontrollfragen und Klausuraufgaben

Unternehmensführung
140 Seiten; 12,- €; ISBN 978-3-95887-419-0
Führung und Personalmanagement
144 Seiten; 12,- €; ISBN 978-3-95887-429-9
Handelsmarketing
152 Seiten; 12,- €; ISBN 978-3-95887-439-8
Beschaffung und Logistik
100 Seiten; 12,- €; ISBN 978-3-95887-449-7
Vertriebssteuerung
88 Seiten; 9,80 €; ISBN 978-3-95887-458-9
Einkauf
116 Seiten; 9,80 €; ISBN 978-3-95887-478-7

Die Pflichtfächer in Einzelausgaben als eBooks
Im Kindle-Format bei amazon:

Führung und Personalmanagement; ASIN B076X2FVVL
Unternehmensführung; ASIN B071K5YL4H
Handelsmarketing; ASIN B078WDX1YG
Beschaffung und Logistik; ASIN B079LFH1KD
Vertriebssteuerung; ASIN B07FXWW3BJ
Einkauf; ASIN B07G72GK5C

Das ganze Verlagsprogramm unter www.fachwirteverlag.de
Hinweise auf Neuerscheinungen und aktuelle Ergänzungen im Newsletter; anfordern: **hfw@fachwirteverlag.de**